# Disseny
# i càlcul de molles

**Carles Riba Romeva**

**Departament d'Enginyeria Mecànica**

Temes d'Enginyeria Mecànica 9

# Disseny i càlcul de molles

**Carles Riba Romeva**

**Departament d'Enginyeria Mecànica**

Responsable de la col·lecció: Carles Riba Romeva

Aquesta publicació s'acull a la política de normalització lingüística i ha comptat amb un ajut del Departament de Cultura i de la Direcció General d'Universitats, de la Generalitat de Catalunya

Coordinació i assessorament: Servei de Llengües i Terminologia de la UPC.
Revisió lingüística: Joan Riba Romeva

Primera edició: 1993
Reimpressió: agost de 2009

Producció:    LIGHTNING SOURCE

Dipòsit legal: B-20541-1996
ISBN: 978-84-8301-130-0

# ÍNDEX

## Presentació

## Bibliografia

CARLES RIBA i ROMEVA, *Disseny i càlcul de molles* (Tem-UPC, 1992)

# Presentació

Les molles, i en general els elements elàstics, tenen importants funcions en el si de les màquines, que cal que compleixin amb exactitud i fiabilitat suficients.

A les planes que segueixen s'ofereixen criteris de disseny i metodologies de càlcul que, partint de les condicions exigides per una màquina, permetin la determinació dels elements elàstics i de les molles.

Aquest treball té l'origen a les lliçons impartides per l'autor en l'assignatura de Disseny i Càlcul de Màquines de l'Escola Tècnica Superior d'Enginyers Industrials de Barcelona sobre el disseny i càlcul de molles.

També incorpora materials provinents d'un curs de postgrau dirigit a professionals del camp de l'automoció, així com l'experiència de l'autor en el disseny i càlcul de màquines.

Els objectius d'aquest text són, d'una banda, constituir un suport per a les lliçons impartides sobre disseny i càlcul de molles, i, de l'altra, i no menys important, servir d'ajuda per a les tasques de disseny de màquines i específicament per al disseny i càlcul de molles.

Confiem que aquests objectius s'hauran complert i que el text serà d'utilitat per al lector.

# 1 Conceptes sobre les molles

## 1.1 Definició i funcions de les molles

**Definició**

Una *molla* és un *element de màquina* que, gràcies a una *forma geomètrica adequada*, o a una *gran elasticitat del material*, admet unes *deformacions elàstiques importants*, relativament a les forces que se li apliquen i a les dimensions del mateix element, sense que es produeixi una *deformació plàstica* o una *ruptura*.

És evident que tots els elements mecànics es deformen a causa de l'elasticitat del material amb què estan construïts; tanmateix, en molts aquesta deformació és molt petita, sovint inapreciable. És més, en alguns elements de màquines (bancades, carcasses, arbres de transmissió, engranatges, etc.) es procura fer mínimes aquestes deformacions.

A les molles es busca l'efecte contrari; és a dir, la possibilitat de sotmetre l'element a grans deformacions, sempre dintre el camp elàstic tot evitant les deformacions plàstiques permanents, les ruptures fràgils eventuals o les ruptures per fatiga degudes a sol·licitacions repetitives.

En sotmetre un element allargat (barra, làmina, etc.) als principals tipus de sol·licitació (tracció-compressió, esforços de cisallament, flexió i torsió), el teorema de Castigliano posa de manifest que els dos primers (*tracció-compressió* i *esforços de cisallament*) donen lloc a unes deformacions molt petites, mentre que els dos darrers (*flexió i torsió*) produeixen deformacions molt més importants. Per tant, la flexió i la torsió constitueixen el principi bàsic de funcionament dels principals tipus de molles.

## Molles de desplaçament lineal i de desplaçament angular

El funcionament elemental d'una molla consisteix en l'aplicació d'unes forces en els seus extrems que, a causa de la deformació elàstica, produeixen un desplaçament relatiu entre ells. Considerant la molla com una "caixa negra", es poden establir dos tipus bàsics de molles en funció de les forces aplicades i de les deformacions experimentades:

*a)* *Molles de desplaçament lineal* (Fig. 1.1*a*)

Les forces i els desplaçaments són lineals. En efecte, suposant un dels extrems de la molla rígidament fixat sobre la base, si sobre l'extrem lliure s'aplica una força, *F*, aquest mateix extrem experimenta un desplaçament lineal, δ, de la mateixa direcció i sentit que la força.

*b)* *Molles de desplaçament angular* (Fig. 1.1*b*)

Les forces (moments) i els desplaçaments són angulars. En efecte, si se suposa un dels extrems de la molla rígidament fixat sobre la base, i sobre l'extrem lliure s'aplica un moment torçor, $M_t$, aquest mateix extrem de la molla experimenta un desplaçament angular, θ, de la mateixa direcció i sentit que el moment torçor.

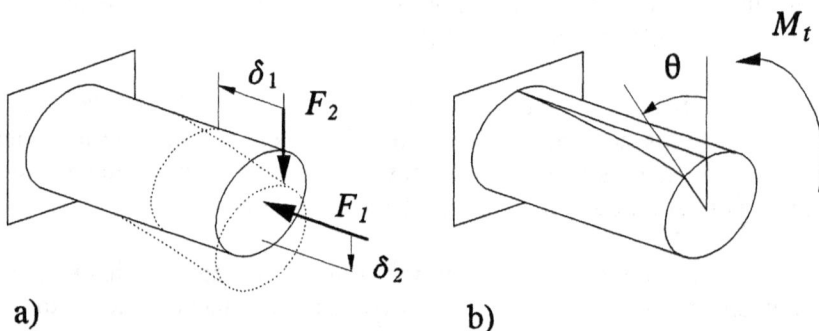

Figura 1.1

## Funcions de les molles

Les funcions principals de les molles en el si de les màquines i dels sistemes mecànics són:

*a)* Assegurar una determinada força, $F$ (N): com a tanca en un sistema de transmissió; com a limitador de forces; com a element de regulació de la força.
Per exemple: el retorn d'un seguidor de lleva, un limitador de parell; regulació de la força d'una vàlvula, etc.

*b)* Ajustar jocs en funció de petits desplaçaments, $\delta$ (mm): com a element de tanca; com a repartidor de càrregues.
Per exemple: el sistema de tanca en empaquetament axial sobre un eix; el repartiment de càrregues a través dels diversos suports elàstics d'una màquina, una junta d'estanqueïtat amb desgast, etc.

*c)* Assegurar una determinada rigidesa, $K$ (N/mm), en un sistema vibratori, a fi de determinar el valor de la freqüència (o freqüències) pròpies del sistema.
Per exemple: una suspensió d'automòbil, un sismògraf, l'aïllament de vibracions, etc.

*d)* Acumular una determinada quantitat de treball en forma d'energia elàstica, $W$ (J), que pot ser retornada posteriorment.
Per exemple: para-xocs de tren, molla d'un rellotge, molla del percussor d'una pistola, etc.

Algunes molles presenten altres característiques o funcions secundàries que en algunes determinades aplicacions poden ser d'utilitat. Entre aquestes se cita a continuació:

*e)* Dissipar una determinada quantitat d'energia per cicle, en una funció anàloga a la d'un amortidor.
Per exemple: les ballestes, els *silent-block* i altres molles de goma, les molles anulars, etc.

# 1.2 Característica elàstica. Rigidesa

## Característica elàstica

Es defineix com a *característica elàstica* d'una molla la gràfica que relaciona la força, $F$ (N) —o moment torçor, $M_t$ (Nmm)—, que s'exerceix sobre una molla i la corresponent deformació lineal, $\delta$ (mm), o angular, $\theta$ (rad), que experimenta.

Segons la forma que adopta aquesta gràfica, la característica elàstica pren les denominacions següents:

a)  *Característica elàstica progressiva* (Fig.1.2*a*): quan la força augmenta més ràpidament que la deformació i, per tant, la molla s'endureix. Exemple: una molla de goma a compressió.

b)  *Característica elàstica lineal* (Fig. 1.2*b*): quan la relació entre la força i la deformació és constant. Exemple: una molla helicoïdal.

c)  *Característica elàstica regressiva* (Fig.1.2*c*): quan la força augmenta més lentament que la deformació i, per tant, la molla s'estova. Exemple: una molla discoïdal o de Belleville.

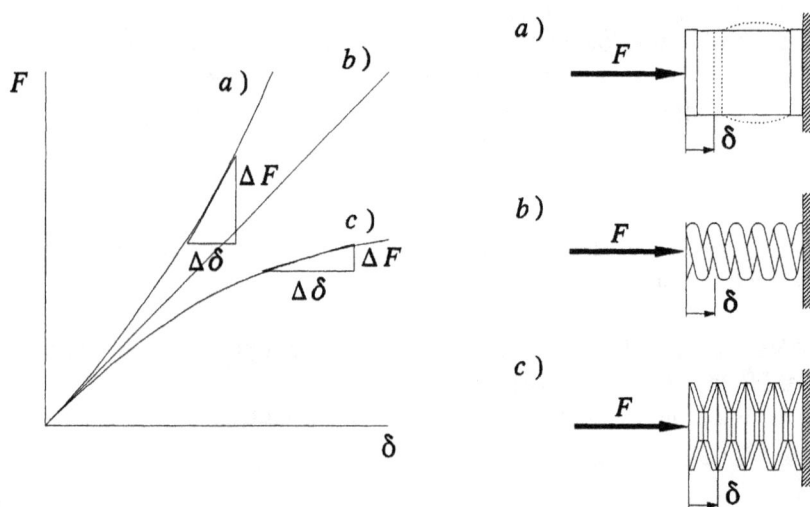

Figura 1.2

### Rigidesa i constant de rigidesa

Pren el nom de *rigidesa* d'una molla, la relació entre un increment de la força aplicada i el corresponent increment de la deformació experimentada (Fig. 1.2). En el límit, és la derivada de la força respecte al desplaçament, o el pendent de la característica elàstica en un punt:

$$K = \frac{dF}{d\delta} \tag{1}$$

A la definició de la rigidesa cal tenir en compte dos aspectes:

*a)*  Si la característica elàstica és o no lineal.

Si és lineal (cosa freqüent en moltes de les molles utilitzades en les màquines), llavors la rigidesa de la molla és constant i pren el nom de *constant de rigidesa, K,* valor que coincideix amb el quocient entre la força aplicada i la deformació experimentada:

$$K = \frac{F}{\delta} \tag{2}$$

Si no és lineal, llavors la rigidesa varia en cada punt de la característica elàstica, fet que cal tenir en compte en aplicacions, com ara, l'estudi de vibracions o el càlcul de deformacions per sobrecàrregues.

*b)*  Si la molla és de desplaçament lineal o desplaçament angular

Segons sigui una o l'altra, dóna lloc a dues definicions de rigidesa, amb denominacions, magnituds i unitats diferents:

Els conceptes usats a la molla de desplaçament lineal són els de *rigidesa* i *constant de rigidesa* (N/mm, en ambdós casos) i les definicions corresponen a les expressions següents:

$$K = \frac{dF}{d\delta} \qquad\qquad K = \frac{F}{\delta} \tag{3}$$

Els conceptes usats a la molla de desplaçament angular són els de *rigidesa torsional* i *constant de rigidesa torsional* (Nmm/rad, en ambdós casos) i les definicions corresponen a les expressions següents:

$$K_\theta = \frac{dM_t}{d\theta} \qquad\qquad K_\theta = \frac{M}{\theta} \qquad\qquad (4)$$

### Forces de fricció i rendiment

Algunes molles no presenten una característica elàstica en forma de línia única, sinó que les línies representatives del procés de càrrega de la molla i del procés de descàrrega no són coincidents. Això es deu bàsicament a dos tipus de forces de fricció:

*a)*     Les *forces de fricció internes*, fenomen també conegut per *histèresi del material*, que depenen fonamentalment del tipus de material usat. La representació d'un cicle de treball de la molla (càrrega i descàrrega) en el gràfic de la característica elàstica és la que correspon a la Figura 1.3*a*.

El fenomen de la histèresi és molt acusat a les molles de goma, ho és menys a les molles de plàstic i poc perceptible a les molles metàl·liques.

*b)*     Les *forces de fricció externes*, o friccions entre parts de la mateixa molla, que depenen fonamentalment de la solució constructiva adoptada. La representació d'un cicle de treball de la molla (càrrega i descàrrega) en el gràfic de la característica elàstica és la que correspon a la Figura 1.3*b*.

Les friccions entre parts de la mateixa molla es donen a totes aquelles molles que presenten elements superposats que amb el moviment de deformació freguen (ballestes, molles discoïdals en paral·lel, molles anulars, etc.).

En tots els casos, aquest fenomen es resumeix en una pèrdua d'energia en cada cicle que es mesura per mitjà de l'àrea encerclada per les línies de càrrega i de descàrrega de la característica elàstica de la molla.

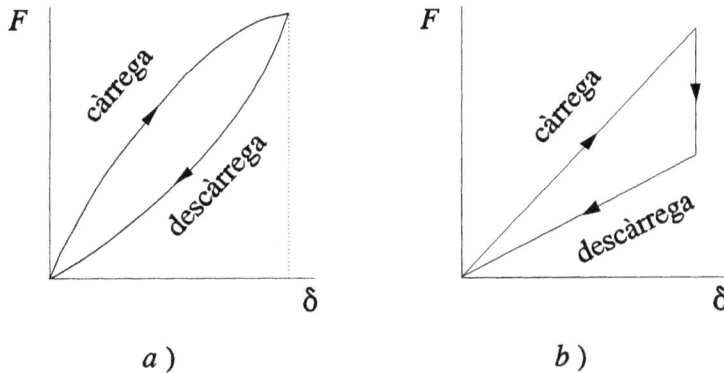

Figura 1.3

S'anomena *rendiment d'una molla*, $\eta_w$, la relació entre l'energia retornada en la descàrrega, $E_d$, i l'energia absorbida en la càrrega, $E_c$, per una molla en executar un cicle complet de treball:

$$\eta_W = \frac{E_d}{E_c} = \frac{energia\ retornada\ en\ la\ descàrrega}{energia\ absorbida\ en\ la\ càrrega} \tag{5}$$

Es defineix com *coeficient d'amortiment*, $\xi_w$, (o també com *coeficient de sensibilitat*) la relació entre l'energia dissipada per la molla en un cicle i el treball total realitzat per la molla a les curses de càrrega i descàrrega:

$$\xi_W = \frac{E_c - E_d}{E_c + E_d} = \frac{1 - \eta_W}{1 + \eta_W} \tag{6}$$

En els sistemes en els quals cal absorbir cops o vibracions, és bo d'elegir molles amb un alt coeficient d'amortiment.

## 1.3 Tipus de molles. Factor d'aprofitament

A qualsevol molla hi ha dos extrems sobre els quals s'apliquen les forces, i gràcies a la seva elasticitat es produeix un desplaçament relatiu entre ells. El sistema de forces està en equilibri i, per tant, les forces aplicades en un dels extrems han de ser iguals i de sentit contrari.

Per a un classificació de les molles, cal tenir present, en primer lloc, la funció de la molla i, en segon lloc, el tipus de sol·licitació a què està sotmès el material. El primer d'aquests aspectes és determinant en el *disseny* i en l'*aplicació* de la molla, mentre que el segon és determinant en el *càlcul*.

En conseqüència, per a la denominació de les molles s'ha seguit un doble criteri, present en el llenguatge tècnic. Un criteri fa referència a la funció: *molla de (funció)*; i l'altre fa referència a la sol·licitació del material: *molla sol·licitada a (sol·licitació del material)*.

## *a)* Tipus de molles segons la funció

Es poden distingir els tipus següents de molla segons la funció:

*a*1) *Molles de tracció-compressió*. Són aquelles en què s'apliquen dues forces iguals, de sentits contraris i de línia d'acció coincident entre els dos extrems de la molla, i la deformació experimentada és una extensió o un escurçament entre aquests dos extrems.

*a*2) *Molles de cisallament*. Són aquelles en què s'apliquen dues forces iguals, de sentits contraris i de línies d'acció paral·leles (amb els corresponents moments per a l'equilibri) en els dos extrems de la molla, i la deformació experimentada és un desplaçament relatiu de direcció perpendicular a la que uneix els dos extrems.

*a*3) *Molles de torsió*. Són aquelles en què s'apliquen dos parells iguals, de sentits contraris i de direcció coincident, sobre els dos extrems de la molla, i la deformació experimentada és un desplaçament angular relatiu entre aquests dos extrems.

Les molles dels tipus *a*1 i *a*2 són sotmeses a forces en els seus extrems i en resulta un desplaçament lineal relatiu, per la qual cosa se les anomenen *molles de desplaçament lineal*, mentre que a les molles del tipus *a*3 són sotmeses a parells en els seus extrems i en resulta un desplaçament angular relatiu, per la qual cosa se les anomenen *molles de desplaçament angular*.

Algunes molles presenten un comportament més o menys híbrid entre diversos dels tipus anteriorment descrits.

*b)* **Tipus de molles segons la sol·licitació del material**

Segons la sol·licitació a què està sotmès el material, es poden distingir els tipus de molla següents:

*b*1) *Molles sol·licitades a tracció-compressió.* Són aquelles en què el material està sotmès fonamentalment a esforços de tracció-compressió. Els principals tipus són:

- Molles anulars                          (molles de compressió)
- Molles de goma a compressió     (molles de tracció-compressió)

*b*2) *Molles sol·licitades a flexió.* Són aquelles en què el material està sotmès, fonamentalment, a esforços de flexió. Els principals tipus són:

- Làmines a flexió                          (molles de cisallament)
- Ballestes                                     (molles de cisallament)
- Molles de torsió enrotllades        (molles de torsió)
- Molles discoïdals o de Belleville  (molles de compressió)

*b*3) *Molles sol·licitades a torsió.* Són aquelles en què el material està sotmès fonamentalment a esforços de torsió.

- Barres de torsió                              (molles de torsió)
- Molles helicoïdals de compressió   (molles de compressió)
- Molles helicoïdals de tracció          (molles de tracció)

*b*4) *Molles sol·licitades a esforços de cisallament.* Són aquelles en què el material està sotmès fonamentalment a esforços de cisallament.

- Molles de platines de cisallament    (molles de cisallament)
- Molles de maniguets de cisallament (tracció-compressió)
- Molles de maniguets de torsió per gir (molles de torsió)
- Molles de discs de torsió                 (molles de torsió)
- Molles de discs de compressió         (molles de compressió)

Aquesta darrera classificació és la que s'ha utilitzat a la confecció de l'índex d'aquesta obra.

## Factor d'aprofitament

A la secció 1.4 s'analitzaran les *magnituds característiques*, indicadors per avaluar la bondat d'un material en el comportament elàstic d'una molla. El *factor d'aprofitament*, $\eta_A$, és un paràmetre anàleg que indica la bondat de la geometria de la molla per aprofitar al màxim el material.

Per definir el factor d'aprofitament s'avalua inicialment l'energia potencial elàstica màxima, $E_{pe.max}$, que podria absorbir una determinada molla si tot el material pogués ser sotmès uniformement a la màxima tensió admissible.

Evidentment, això no sempre és possible, ja que el material està sotmès a distribucions de tensions no uniformes. El factor d'aprofitament, $\eta_A$, es defineix, doncs, com el quocient entre l'energia potencial elàstica, $E_{pe}$, realment absorbida i l'energia potencial elàstica màxima, $E_{pe.max}$.

A continuació s'estableix un dibuix comparatiu del factor d'aprofitament de diversos dels principals tipus de molles (Fig. 1.3). En cas d'existir forces de fricció, el factor d'aprofitament pot superar la unitat.

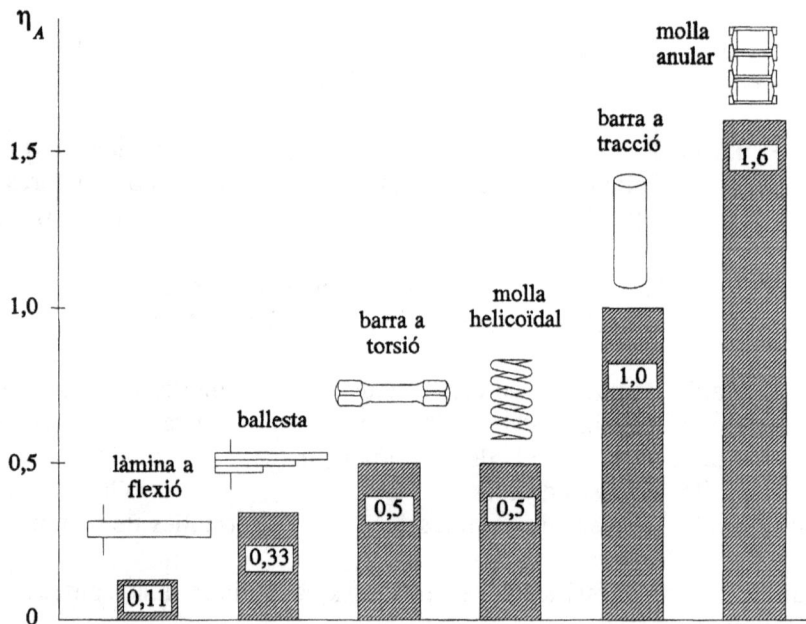

Figura 1.4

# 1.4 Materials. Magnituds característiques

## Característiques dels materials per a molles

Els materials per a molles han de reunir un conjunt de característiques particulars per poder-los aplicar correctament.

*a)* Convé que el material tingui un *límit elàstic, $R_e$, elevat* (per tant, també tindrà una resistència a la ruptura, $R_m$, elevada). Les conseqüències d'aquest fet són les següents:

*a*1) El camp elàstic de treball d'una molla creix amb el límit elàstic del material, $R_e$, fet que proporciona els beneficis següents:

- Tant la força, $F$, (o moment torçor, $M_t$) com la deformació lineal, $\delta$, (o deformació angular, $\theta$) màximes admissibles per al treball correcte d'una molla creixen proporcionalment al límit elàstic del material, $R_e$, (vegeu més endavant *magnituds característiques* en aquesta mateixa secció).

- Conseqüència del punt anterior, un límit elàstic alt del material constitueix una prevenció contra la deformació plàstica del material (assentament de la molla).

*a*2) L'energia potencial elàstica, $E_{pe}$, absorbible per la molla és proporcional al quadrat del límit elàstic, $R_e$ (vegeu més endavant *magnituds característiques* en aquesta mateixa secció).

En els acers, valors elevats del límit elàstic s'obtenen en funció de:

- Un estiratge elevat
- Tremp i reveniment a temperatures baixes (250 a 350 °C)

*b)* Convé que el material tingui una *fluència sota càrrega (o creep) molt baixa.* És ben conegut el fet que tots els materials sotmesos a càrrega permanent tenen un allargament amb el temps; o viceversa: sotmesos a una deformació permanent, experimenten una disminució de la tensió amb el temps (relaxació). Aquesta tendència creix sensiblement amb la temperatura, per la qual cosa és especialment crítica en molles que treballen en calent i en molles realitzades amb material plàstic.

c)  En molles sotmeses a sol·licitacions variables, convé que el material tingui una *resistència a la fatiga elevada*.

En els acers, una resistència a la fatiga elevada s'obté en funció de:

- Temperatures de reveniment elevades (de 350 a 500 °C)
- Refredament brusc després de reveniment
- Rectificació superficial
- Compactament superficial per compressió o perdigonatge
- Evitar les ratllades i escòries superficials
- Evitar el desgast per frec superficial

d)  En molles conformades en fred, convé un material amb *capacitat d'allargament elevada*.


## Materials per a molles

A continuació es realitza una breu descripció dels principals tipus de materials usats per a molles:

*Fil d'acer patentat-estirat.*  Són fils d'acer conformats per un gran estiratge en fred, amb un procés tèrmic previ d'ablaniment del material (patentat per J.Horsfall el 1854), que facilita l'obtenció d'unes característiques mecàniques excel·lents. Aquest procés s'aplica a fils d'acer al carbó amb diàmetres fins a uns 15 mm; la resistència és més gran en els fils prims que en els gruixuts. La *corda de piano* correspon als diàmetres més petits (de 0,1 a 2 mm) i té una resistència a la ruptura entre 2.400 i 2.750 MPa. El fil d'acer patentat-estirat s'utilitza per conformar molles helicoïdals i altres molles de fil que treballen a baixes temperatures (0 ÷ 120 °C) i està contemplat a la norma DIN 17223.

*Bandes d'acer per a conformació en fred.*  Són acers de laminació destinats a la conformació en fred (per tall, estampació, doblegament, enrotllament, etc.) de molles de làmina, ballestes (fins a 7 mm de gruix) i altres peces elàstiques, que després són trempades i revingudes. El límit elàstic varia entre 1.050 i 1.750 MPa i la resistència a la ruptura varia entre 1.200 i 2.200 MPa. Aquests acers són contemplats a les normes DIN 17722 i DIN 17723-2.

*Acers per a conformació en calent.* Són acers destinats a la conformació en calent (per forja, laminació, enrotllament, etc.) de ballestes, barres de torsió, molles discoïdals, grans molles helicoïdals i, en general, peces elàstiques de dimensions importants. Són acers aliats amb Si, Si-Cr o Si-V que són utilitzats en estat de tremp i reveniment. El seu límit elàstic és sempre superior a 1.050 MPa i la resistència a la ruptura superior a 1.250 MPa. Aquests acers estan contemplats a les normes UNE 36-015 i DIN 17721.

*Acers resistents a la calor.* Són acers aliats per a molles destinats a treballar a temperatures superiors a 250 °C i alguns poden arribar a treballar fins a 550 °C. L'acer al Cr-V s'ha utilitzat per a molles de vàlvula dels motors d'explosió. Aquests acers estan contemplats a la norma DIN 17225.

*Acers inoxidables.* Són acers inoxidables, subministrats en forma de fils o de bandes, que s'utilitzen per a la conformació de molles i elements elàstics sotmesos a ambients corrosius. Els acers inoxidables autenítics adquireixen l'enduriment per deformació en fred, mentre que els martensítics admeten el tremp; els primers són més resistents a la corrosió que els segons. Aquests acers, que tenen una resistència a la ruptura compresa entre 1.150 i 1.500 MPa, són contemplats a la norma DIN 17224.

*Bronzes per a molles.* Entre els bronzes aptes per a la fabricació de molles destaca el *bronze al beril·li* (Cu amb un 2 % de Be), que pot ser tractat tèrmicament i pot adquirir una resistència a la tracció de 1.300 MPa ($E = 120.000$ MPa). És un material dur, resistent a la fatiga, al desgast i a la corrosió, a més de ser un bon conductor elèctric i de ser amagnètic; tanmateix, el seu preu és elevat. És adequat per a la fabricació de molles sotmeses a camps magnètics o molles que intervenen en contactes elèctrics. També s'utilitzen el bronze fosforós i el bronze al silici.

*Plàstics per a molles.* Els plàstics en general són materials poc adequats per a la fabricació de molles, a causa del seu baix límit elàstic i de la seva tendència a la fluència sota càrrega. Tanmateix, entre els plàstics tècnics cal destacar l'interès dels *poliacetals* per a aquest tipus d'aplicacions.

## Materials metàl·lics per a molles

| | E $10^3$ MPa | G $10^3$ MPa | Rm MPa | densitat g/cm³ | T. màx. °C | Aplicacions |
|---|---|---|---|---|---|---|
| Fil d'acer per a molles | 210 | 80 | 1.500 - 1.900 | 7,8 | 100 | $\phi$ < 10 mm sol·licitacions moderades estàtiques |
| Fil d'acer patentat-estirat | 210 | 80 | 1.900 - 2.500 | 7,8 | 120 | $\phi$ < 17 mm sol·licitacions dinàmiques |
| Fil d'acer patentat-estirat (corda de piano) | 210 | 80 | 2.400 - 2.700 | 7,8 | 120 | $\phi$ < 2 mm sol·licitacions a fatiga |
| Fil d'acer bonificat | 210 | 80 | 1.700 - 1.900 | 7,8 | 150 | < 14 mm sol·licitació a fatiga i molles de vàlvula |
| Acer per a molles al C | 210 | 80 | 1.200 - 1.600 | | 100-120 | Làmines i ballestes primes |
| Acer per a molles al Si | 210 | 80 | 1.500 - 2.100<br>1.180 - 1.520 | 7,8 | | Ballestes fins a 7 mm<br>Ballestes i molles discoïdals de gran secció |
| Acer per a molles al Cr - Si | 210 | 80 | 1.450 - 1.650<br>1.850 - 2.350 | 7,8 | 245 | Barres de torsió<br>Ballestes altament sol·licitades |
| Acer per a molles al Cr - V | 210 | 80 | 1.300 - 1.650<br>1.650 - 2.250 | 7,8 | 220 | Barres de torsió<br>Ballestes altament sol·licitades |
| Acer inoxidable per a molles austenític | 193 | 69 | | 7,9 | 260 | |
| Acer inoxidable per a molles 17-7 PH | 203 | 76 | 1.550 - 1.750 | 7,8 | 320-500 | Resistent a la corrosió i a la temperatura |
| Bronze fosforós | 103 | 43 | | 8,9 | 95 | |
| Bronze al beril·li | 28 | 48 | 1.100 - 1.300 | 8,3 | 205 | Molles amagnètiques i usos elèctrics |
| Inconel X 750 | 215 | 80 | | 8,2 | 590 | Molles que treballen a altes temperatures |

**Magnituds característiques**

Independentment de la forma geomètrica que adopti una molla i del tipus de sol·licitacions a què es vegi sotmesa, es poden establir unes *magnituds característiques* que depenen dels paràmetres del material amb què està construïda.

Aquestes magnituds característiques constitueixen un indicador de cada un dels diferents materials sobre la seva capacitat per complir determinades funcions de la molla: suportar una força, *F*; acceptar una deformació, δ; obtenir una determinada rigidesa, *K*; emmagatzemar una determinada energia elàstica, *W*.

A continuació s'exemplifiquen les diferents magnituds característiques en funció d'una molla formada per una barra de característica elàstica lineal sotmesa a tracció, en la qual és d'aplicació directa la llei de Hooke

$$\sigma = \frac{F}{A} = E\,\frac{\delta}{L} = E * \varepsilon \qquad\qquad (7)$$

on:

| | | |
|---|---|---|
| σ | = Tensió (tracció o compressió) del material | (MPa) |
| *F* | = Força aplicada a la molla | (N) |
| *A* | = Àrea de la secció de la barra | (mm²) |
| *E* | = Mòdul d'elasticitat del material | (MPa) |
| δ | = Deformació de la barra | (mm) |
| *L* | = Longitud inicial de la barra | (mm) |
| ε | = Deformació unitària de la barra | (-) |

Per a molles que treballin en altres tipus de sol·licitació es poden establir expressions anàlogues.

A cada una de les expressions s'agrupen les variables en dos conjunts; en el primer, figuren les variables que fan referència a les dimensions de la molla i a les seves característiques de sol·licitació com, per exemple, forces i deformacions, i es delimiten per parèntesis ( ); mentre que, en el segon conjunt, figuren totes les variables que depenen de les característiques del material i es delimiten per parèntesis quadrats [ ].

*a)    Magnitud característica de força*

La mateixa definició de la tensió de tracció permet establir la relació que es busca, que és

$$F = (A) * [\sigma] \qquad\qquad \sigma \leq R_e \qquad\qquad (8)$$

Això significa que la força que es pot exercir sobre la molla sense ultra-passar el límit elàstic està determinada pel mateix valor del límit elàstic, $R_e$, i creix proporcionalment a aquest valor. Així, doncs, la *magnitud característica de força* per a aquest tipus de molla és $\Gamma(F) = R_e$.

*b)    Magnitud característica de deformació*

La llei de Hooke proporciona novament la relació que se cerca:

$$\delta = ( L ) * [ \frac{\sigma}{E} ] \qquad\qquad \sigma \leq R_e \qquad\qquad (9)$$

Això significa que la deformació que pot suportar la molla sense que es produeixin deformacions permanents és directament proporcional al límit elàstic, $R_e$, i inversament proporcional al mòdul d'elasticitat, $E$. Així, doncs, la *magnitud característica de deformació* per a aquest tipus de molla és $\Gamma(\delta) = R_e/E$.

*c)    Magnitud característica de rigidesa*

Novament, la llei de Hooke permet establir la relació pertinent:

$$K = \frac{F}{\delta} = ( \frac{A}{L} ) * [ E ] \qquad\qquad (10)$$

Això significa que la rigidesa creix proporcionalment amb el mòdul d'elas-ticitat, $E$. Així, doncs, la *magnitud característica de rigidesa* per a aquest tipus de molla és $\Gamma(K) = E$.

---

*d)*    *Magnitud característica de treball elàstic*

El treball elàstic que és capaç de realitzar, o acumular, una molla està determinat per l'expressió següent:

$$W = \frac{F * \delta}{2} = (\frac{A * L}{2}) * [\frac{\sigma^2}{E}] \qquad\qquad \sigma \leq R_e \qquad\qquad (11)$$

Això significa que el treball elàstic, *W*, capaç d'acumular una molla d'aquest tipus creix proporcionalment amb el quadrat del límit elàstic, $R_e$, i decreix de forma inversament proporcional al mòdul d'elasticitat, *E*. Així, doncs, la *magnitud característica de treball elàstic* per a aquest tipus de molla és $\Gamma(W) = R_e^2/E$.

# 1.5  Xoc contra una molla

Es considera el xoc d'una massa, *m*, que es mou a una velocitat, *v*, contra una molla de característica elàstica lineal, amb constant de rigidesa, *K*. A partir de l'instant en què la massa entra en contacte amb la molla, la primera es va desaccelerant fins que s'atura, moment en què la molla ha absorbit tota l'energia cinètica de la massa.

A partir d'aquest punt la molla es recuperaria novament i, en cas que el rendiment de la molla fos d'1, projectaria la massa en sentit contrari amb el mateix valor de velocitat que la de l'instant inicial del xoc.

Mentre la massa i la molla no perden el contacte, el conjunt es comporta com un sistema vibratori de massa-molla. En efecte, el moment inicial del contacte massa-molla s'estableix com a posició d'equilibri i el moviment s'iniciarà amb una velocitat inicial (la de la massa en el moment del contacte) en el sentit de compressió de la molla.

A partir de l'aplicació de la teoria de les vibracions al sistema massa-molla definit anteriorment, es poden obtenir les expressions que vénen a continuació, les quals corresponen a 1/4 del cicle complet d'oscil·lació.

Partint, doncs, de la definició de la freqüència pròpia de la vibració

$$\omega_o = \sqrt{\frac{K}{m}} \tag{12}$$

es poden analitzar els paràmetres diferents que intervenen en el fenomen de xoc:

*a)*  Energia potencial elàstica absorbida durant el xoc

$$E_{pe} = \frac{1}{2} m v^2 = \frac{1}{2} F_{màx} \delta_{màx} \tag{13}$$

*b)*  Deformació màxima experimentada per la molla

$$\delta_{màx} = \frac{v}{\omega_o} \tag{14}$$

*c)*  Força màxima durant el xoc; es pot expressar per qualsevol de les formes següents:

$$F_{màx} = K \cdot \delta_{màx} = K \frac{v}{\omega_o} = m \cdot v \cdot \omega_o = v \sqrt{m \cdot K} \tag{15}$$

*e)*  Desacceleració màxima durant el xoc

$$a_{màx} = \frac{F_{màx}}{m} = v \cdot \omega_o = \frac{v^2}{\delta_{màx}} \tag{16}$$

*f)*  Temps de duració del xoc, durant el qual es produeix l'absorció d'energia; correspon a 1/4 del període de vibració del sistema massa-molla descrit anteriorment

$$t_{xoc} = \frac{T}{4} = \frac{\pi}{2 \, \omega_o} = \frac{\pi}{2} \sqrt{\frac{m}{K}} \tag{17}$$

# 2 Molles sol·licitades a tracció-compressió i a flexió

## 2.1 Molles anulars

### Descripció

Les molles anulars estan formades per un seguit d'anells apilats en forma de columna, els quals presenten alternativament unes superfícies de doble conicitat exterior i interior per mitjà de les quals mantenen el contacte i exerceixen l'acció elàstica (Fig. 2.1).

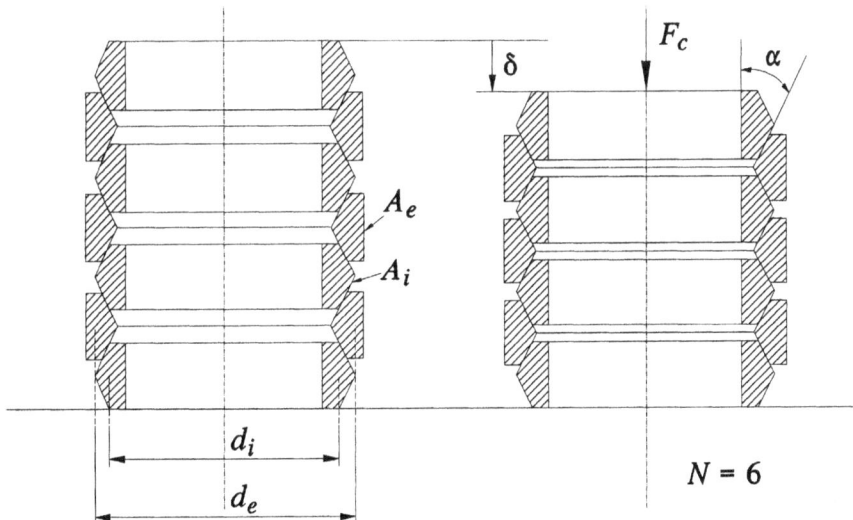

Figura 2.1

Una força axial, $F$, aplicada sobre la molla es tradueix, gràcies a les superfícies còniques que actuen com a plans inclinats, en unes forces radials que dilaten els anells exteriors i encongeixen els anells interiors. Amb el canvi de diàmetre, els anells llisquen uns dintre els altres i es produeix la deformació de la molla, $\delta$, resultat de la suma de desplaçaments axials mutus entre cada parella d'anells. Per a un funcionament correcte, convé que el conjunt estigui convenientment lubricat.

La corba característica de les molles anulars presenta una *línia de càrrega* de rigidesa molt més elevada que la *línia de descàrrega*, conseqüència del canvi de sentit de les forces de fricció, per la qual cosa aquest tipus de molla presenta una gran capacitat d'amortiment. La diferència de l'energia absorbida a la càrrega i l'alliberada a la descàrrega correspon a l'*energia dissipada* per la molla, $E_{dis}$, en un cicle (Fig. 2.2).

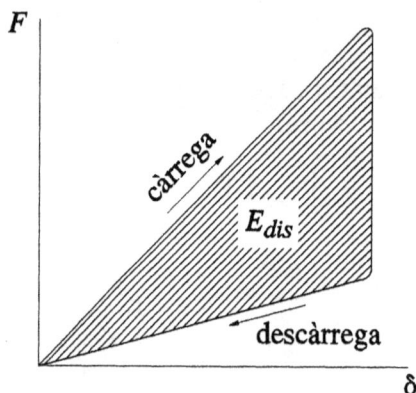

Figura 2.2

La configuració de les molles anulars fa que el material dels anells elàstics estigui sotmès a esforços de tracció o de compressió molt uniformes i constants a totes les seves seccions. Aquesta circumstància, unida a la dissipació d'energia per fricció durant el procés de càrrega, li proporcionen el factor d'aprofitament, $\eta_A$, més alt entre les molles.

Els anells de les molles anulars són, generalment, d'acer al carboni per a tremp, conformats per forja o laminació circular, amb una eventual posterior mecanització.

CARLES RIBA i ROMEVA, *Disseny i càlcul de molles* (Tem-UPC, 1992)

## Aplicacions

Les particularitats descrites a l'apartat anterior constitueixen els principals factors de les aplicacions de les molles anulars: en efecte, un alt factor d'aprofitament és una característica excel·lent per absorbir l'energia dels xocs, mentre que una gran capacitat d'amortiment és un factor determinant per evitar els efectes de la ressonància.

L'aplicació més clàssica de les molles anulars és la dels para-xocs de tren, solució adoptada per moltes companyies de ferrocarril. Aquestes molles són capaces d'absorbir els petits xocs entre vagons (enganxaments, frenades), així com d'amortir les vibracions longitudinals del comboi.

No obstant això, aquestes mateixes particularitats poden obtenir aplicacions en altres camps molt diferents com , per exemple, molles de premses, trens d'aterratge dels avions, amortiment del tiratge d'un remolcador, entre d'altres.


## Càlcul

A través de les superfícies de contacte còniques, la força axial, $F$, sobre la molla origina unes forces radials que finalment es transformen en unes tensions tangencials de tracció, $\sigma_e$, sobre els anells exteriors i unes tensions tangencials de compressió, $\sigma_i$, sobre els anells interiors.

Els paràmetres que intervenen en el càlcul són:

| | | | |
|---|---|---|---|
| $F_c$ | = | Força de càrrega sobre la molla | (N) |
| $F_d$ | = | Força de descàrrega sobre la molla | (N) |
| $\delta$ | = | Deformació | (mm) |
| $K_c$ | = | Rigidesa de la línia de càrrega | (N/mm) |
| $K_d$ | = | Rigidesa de la línia de descàrrega | (N/mm) |
| $E_c$ | = | Energia absorbida a la càrrega | (Nmm) |
| $E_d$ | = | Energia retornada a la descàrrega | (Nmm) |
| $d_e$ | = | Diàmetre mitjà de l'anell exterior | (mm) |
| $d_i$ | = | Diàmetre mitjà de l'anell interior | (mm) |
| $A_e$ | = | Àrea de la secció de l'anell exterior | (mm$^2$) |
| $A_i$ | = | Àrea de la secció de l'anell interior | (mm$^2$) |
| $N$ | = | Nombre de contactes cònics | (-) |

$\alpha$ = Semiangle dels cons                                   (rad)
$\rho$ = Angle de fricció                                        (-)
$\sigma_e$ = Tensió de tracció a l'anell exterior               (MPa)
$\sigma_i$ = Tensió de compressió a l'anell interior           (MPa)
$E$ = Mòdul d'elasticitat                                        (MPa)

Partint de la hipòtesi que les tensions tangencials sobre els anells es reparteixen uniformement sobre les corresponents seccions exterior i interior, les fórmules per al càlcul de les molles anulars són:

$$
\begin{aligned}
F_c &= \pi \cdot A_e \cdot \tan(\alpha + \rho) \cdot (\sigma_e) = \\
&= \pi \cdot Ai \cdot \tan(\alpha + \rho) \cdot (\sigma_i)
\end{aligned} \tag{1}
$$

$$
F_d = F_c \frac{\tan(\alpha - \rho)}{\tan(\alpha + \rho)}
$$

$$
\delta = N \frac{\left( \dfrac{r_e}{A_e} + \dfrac{r_i}{A_i} \right)}{\tan \alpha} A_e \left( \frac{\sigma_e}{E} \right) \tag{2}
$$

$$
K_c = \frac{F_c}{\delta} = \frac{\pi \cdot \tan \alpha \cdot \tan(\alpha + \rho)}{N \left( \dfrac{r_e}{A_e} + \dfrac{r_i}{A_i} \right)} (E) \tag{3}
$$

$$
K_d = \frac{F_d}{\delta} = \frac{\pi \cdot \tan \alpha \cdot \tan(\alpha - \rho)}{N \left( \dfrac{r_e}{A_e} + \dfrac{r_i}{A_i} \right)} (E)
$$

$$
E_c = \frac{F_c \cdot \delta}{2} = N \frac{\pi \cdot \tan(\alpha + \rho)}{\tan \alpha} A_e^2 \left( \frac{r_e}{A_e} + \frac{r_i}{A_i} \right) \left( \frac{\sigma_e^2}{2 \cdot E} \right) \tag{4}
$$

$$
E_d = \frac{F_d \cdot \delta}{2} = N \frac{\pi \cdot \tan(\alpha - \rho)}{\tan \alpha} A_e^2 \left( \frac{r_e}{A_e} + \frac{r_i}{A_i} \right) \left( \frac{\sigma_e^2}{2 \cdot E} \right)
$$

En el cas que l'angle de fricció, $\rho$, fos superior al semiangle dels cons, $\alpha$, tindria lloc la irreversibilitat de la molla, fet que posen de manifest les fórmules de la força de descàrrega sobre la molla, $F_d$, de la rigidesa de la línia de descàrrega, $K_d$, i de l'energia alliberada a la descàrrega, $E_d$, paràmetres que adquiririen valors negatius.

A partir de l'expressió de l'energia absorbida a la càrrega, $E_c$, es pot deduir el factor d'aprofitament de les molles anulars, que és sempre més gran que 1 i més petit que 2

$$\eta_A = \frac{\tan(\alpha + \rho)}{\tan \alpha} \tag{5}$$

L'expressió del coeficient d'amortiment, $\xi_W$, es calcula a partir de la relació entre el treball dissipat per la molla en un cicle i el treball total realitzat per la molla a les curses de càrrega i descàrrega

$$\xi_W = \frac{E_c - E_d}{E_c + E_d} = \frac{\tan \rho \ (1 + \tan^2 \alpha)}{\tan \alpha \ (1 + \tan^2 \rho)} \tag{6}$$

**Recomanacions per al disseny**

A continuació es donen les recomanacions següents per al disseny de les molles anulars:

a)  Si la molla es dimensiona correctament, no es poden produir sobretensions en el material, ja que l'acció elàstica s'atura quan els anells exteriors (o interiors) entren en contacte directament entre ells (*compressió a bloc*).

b)  Com s'ha comentat, per evitar la irreversibilitat de la molla cal que el semiangle de les superfícies còniques, $\alpha$, sigui més gran que l'angle de fricció, $\rho$. Els valors recomanats a la pràctica van des de $\alpha = 12 \div 15°$ ($\rho = 7 \div 9°$ en funció que els anells estiguin o no mecanitzats).

c)  Quant als valors admissibles de tensions de treball, es poden establir, per a l'anell exterior a tracció, $\sigma_{e\ adm} = 1.000 \div 1.200$ MPa i, per a l'anell interior a compressió, $\sigma_{i\ adm} = 1.300 \div 1.500$ MPa, també en funció que els anells estiguin o no mecanitzats.

## 2.2 Làmines a flexió

### Descripció

*a)   Làmines en voladís*

Són molles constituïdes per una làmina de secció rectangular i longitud $L$ encastada per un dels seus extrems, mentre que l'altre extrem en voladís resta lliure i es pot deformar per flexió (Fig. 2.3). Fruit de l'encast, la molla queda subjectada (*molla fixa*).

En general la làmina acostuma a tenir un dels costats molt més gran (amplada, $b$) que l'altre (altura, $h$). Per tant, la molla utilitza la deformació en la direcció de l'altura, mentre que la bona rigidesa que presenta en la direcció de l'amplada pot ser utilitzada en funcions de subjecció o de retenció.

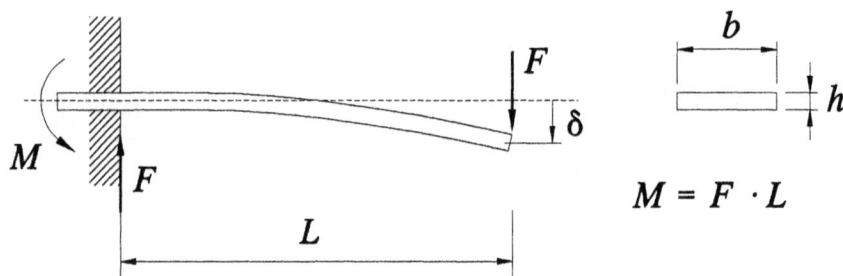

$$M = F \cdot L$$

Figura 2.3

L'acció sobre les làmines a flexió s'exerceix per mitjà d'una força, $F$, perpendicular al seu extrem lliure segons l'altura de la làmina i dóna lloc a una deformació, $\delta$, en la mateixa direcció (molla de cisallament). Per mantenir l'equilibri del conjunt cal aplicar a la zona de l'encast una força igual i de sentit contrari a l'acció, i un moment igual i de sentit contrari al moment flector. El material és sol·licitat a flexió.

*b)    Làmina recolzada-recolzada*

Una segona disposició freqüent és la d'una làmina de secció constant (de dimensions anàlogues al cas anterior) amb els dos extrems simplement recolzats i accionada pel seu punt central (Fig. 2.4). Malgrat que sovint pren formes no exactament planes, pot ser calculada amb suficient precisió tot considerant que ho és. Aquest cas es pot reduir a l'anterior si es considera la meitat de la força, $F/2$, la deformació, $\delta$, i la meitat de la longitud de la làmina, $L/2$.

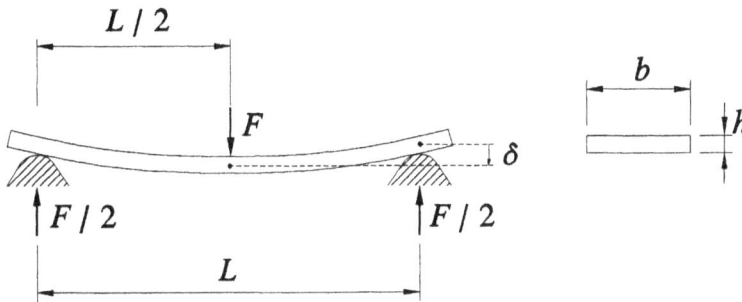

Figura 2.4

*c)    Làmina encastada-recolzada*

Una variant d'aquesta disposició és la d'una làmina encastada per un extrem i simplement recolzada per l'altra, i també accionada pel seu centre (Fig. 2.5). Aquesta disposició, en què la molla queda subjectada (*molla fixa*), pot ser materialitzada com una llengüeta retallada en una peça de xapa, generalment amb un lleuger bombament.

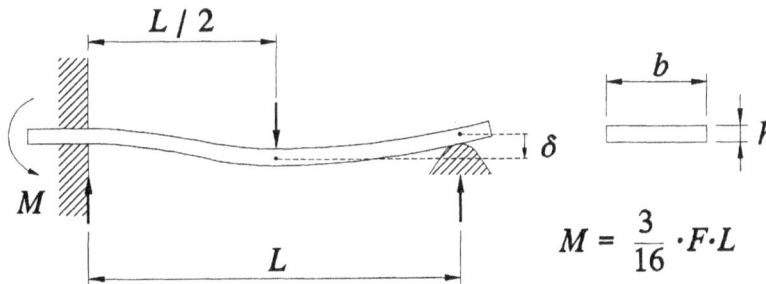

$$M = \frac{3}{16} \cdot F \cdot L$$

Figura 2.5

*d)*   *Doble làmina encastada-encastada*

Hi ha una altra disposició d'aquest tipus de molla basat en una doble làmina de secció constant, disposada paral·lelament, amb encast per un dels seus extrems en un element de base, i amb encast per l'altre extrem en un element mòbil que té la possibilitat de realitzar petits desplaçaments paral·lels (Fig. 2.6).

Aquesta disposició presenta l'interès que l'element mòbil enllaçat per mitjà de la doble làmina queda guiat en tots sentits (*molla guia*). En cas de guiar una massa important (penjada, o suportada verticalment, o lateralment, de la doble làmina), cal prendre simultàniament en consideració en el càlcul les tensions degudes a l'efecte molla, les degudes al pes i, eventualment, les degudes a les forces d'inèrcia.

La geometria de la doble làmina és la mateixa que en els casos anteriors però, fruit del doble encast, la deformada de cada làmina presenta una simetria respecte al seu punt central, aspecte que serà de gran utilitat en el càlcul. Aquest cas es pot reduir al primer si es considera la meitat de la força, *F*/2, la meitat de la deformació, δ/2, i la meitat de la longitud de la làmina, *L*/2.

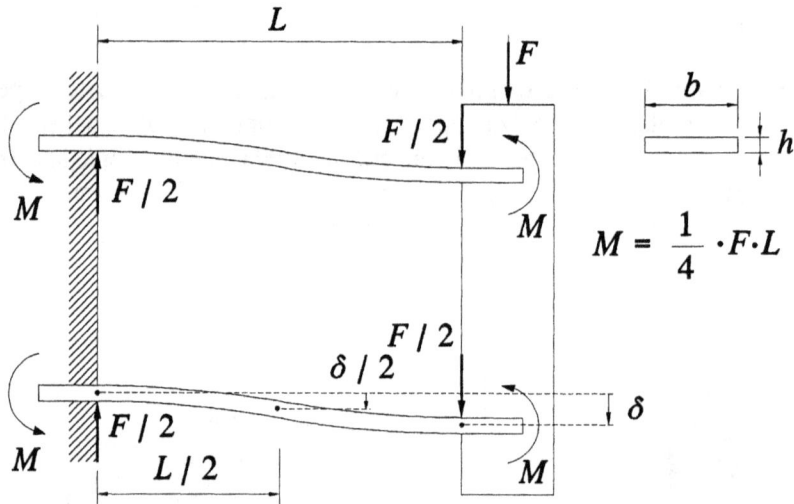

$$M = \frac{1}{4} \cdot F \cdot L$$

Figura 2.6

## Aplicacions

Les molles de làmina a flexió presenten una gran simplicitat que les fa barates i fàcils de conformar, i el seu ús es troba difós en una gran diversitat de màquines, mecanismes i dispositius. Poden prendre formes molt variades i assumir funcions complementàries tals com, per exemple, la de guia o la d'element de retenció. Sovint formen part de peces més complexes (ganxo del tap de bolígraf). La doble làmina encastada-encastada ofereix una solució excel·lent per a molla i guia de taules vibratòries.

## Càlcul

Els paràmetres que intervenen en el càlcul de les làmines de flexió són:

| | | | |
|---|---|---|---|
| $F$ | = | Força sobre la molla | (N) |
| $\delta$ | = | Deformació | (mm) |
| $K$ | = | Rigidesa | (N/mm) |
| $E_{pe}$ | = | Energia potencial elàstica | (Nmm) |
| $W_f$ | = | Moment resistent a flexió | (mm³) |
| $I_f$ | = | Moment d'inèrcia a flexió | (mm⁴) |
| $L$ | = | Longitud de la làmina | (mm) |
| $b$ | = | Amplada de la secció de la làmina | (mm) |
| $h$ | = | Altura de la secció de la làmina | (mm) |
| $\lambda_1$ | = | Factor de força | (-) |
| $\lambda_2$ | = | Factor de desplaçament | (-) |
| $\lambda_3$ | = $\lambda_1/\lambda_2$ = | Factor de rigidesa | (-) |
| $\lambda_4$ | = $\lambda_1*\lambda_2$ = | Factor d'energia elàstica | (-) |
| $\eta_A$ | = | Factor d'aprofitament | (-) |
| $\sigma$ | = | Tensió de tracció-compressió | (MPa) |
| $E$ | = | Mòdul d'elasticitat | (MPa) |

A continuació s'estableixen unes fórmules genèriques per a qualsevol tipus de làmines a flexió de secció constant, en funció del moment resistent a flexió, $W_f$, i del moment d'inèrcia a flexió, $I_f$. També es presenten les expressions per a una secció rectangular d'amplada, $b$, i d'altura, $h$, essent

$$W_f = \frac{b \cdot h^2}{6} \qquad I_f = \frac{b \cdot h^3}{12} \qquad (7)$$

Aquestes fórmules estan afectades pels factors de força, $\lambda_1$, de desplaçament, $\lambda_2$, de rigidesa, $\lambda_3$, i d'energia elàstica, $\lambda_4$, que prenen valors diferents en funció del tipus de molla considerada.

$$F = \lambda_1 \frac{W_f}{L} (\sigma) = \lambda_1 \frac{b \cdot h^2}{6 \cdot L} (\sigma) \tag{8}$$

$$\delta = \lambda_2 \frac{W_f \cdot L^2}{I_f} (\frac{\sigma}{E}) = \lambda_2 \frac{2 \cdot L^2}{h} (\frac{\sigma}{E}) \tag{9}$$

$$K = \frac{F}{\delta} = \frac{\lambda_1}{\lambda_2} \frac{I_f}{L^3} (E) = \lambda_3 \frac{b \cdot h^3}{12 \cdot L^3} (E) \tag{10}$$

$$E_{pe} = \frac{F \cdot \delta}{2} = \lambda_1 \cdot \lambda_2 \frac{W_f^2 \cdot L}{I_f} (\frac{\sigma^2}{2 \cdot E}) =$$
$$= \lambda_4 \frac{b \cdot h \cdot L}{3} (\frac{\sigma^2}{2 \cdot E}) \tag{11}$$

Per a cada un dels quatre tipus de làmina a flexió descrits anteriorment, corresponen els factors $\lambda$ i el factor d'aprofitament, $\eta_A$, continguts a la taula següent:

| | Làmina en voladís | Làmina recolzada-recolzada | Làmina encastada-recolzada | Doble làmina encastada-encastada |
|---|---|---|---|---|
| $\lambda_1$ | 1,000 | 4,000 | (32/5) = 6,400 | 4,000 |
| $\lambda_2$ | (1/3) = 0,333 | (1/12) = 0,083 | (7/120) = 0,058 | (1/6) = 0,167 |
| $\lambda_3$ | 3,000 | 48,000 | (768/7) = 109,700 | 24,000 |
| $\lambda_4$ | (1/3) = 0,333 | (1/3) = 0,333 | (28/75) = 0,373 | (2/3) = 0,667 |
| $\eta_A$ | (1/9) = 0,111 | (1/9) = 0,111 | (28/225) = 0,124 | (1/9) = 0,111 |

Si es prenen en consideració molles del mateix material formades per làmines de la mateixa secció i longitud, l'anterior taula permet comparar les característiques dels diferents tipus de làmines a flexió:

a)     La rigidesa de la làmina en voladís és comparativament molt baixa i suporta forces molt petites, però admet una deformació més gran que la resta. La rigidesa augmenta i la deformació disminueix successivament en la doble làmina encastada-encastada, la làmina recolzada-recolzada i la làmina encastada-recolzada; la força màxima suportada és poc variable.

b)     L'energia elàstica capaç de suportar cada làmina és sensiblement constant (cal tenir present que la darrera està constituïda per dues làmines). Per tant, el factor d'aprofitament, molt baix en totes, és també molt semblant.

### Recomanacions per al disseny

*Formes*. Cal tenir en compte que les zones d'encast d'aquestes molles (ja sigui per empresonament, ja sigui per continuïtat) estan sotmeses a les màximes tensions i és per on generalment es trenquen. Per tant, en el primer cas (empresonament) cal procurar que els elements de pressió no danyin el material de la làmina tot evitant els cantells vius i, en el segon cas (continuïtat), cal tenir cura de les corbes de transició per evitar excessives concentracions d'esforços.

*Materials*. Els materials usats poden ser molt diversos (acers, bronzes, materials plàstics, etc.), però tanmateix es donen les recomanacions següents:

-     En làmines a flexió d'acer sotmeses a un treball important, es poden adoptar els mateixos criteris que per als acers de ballestes.

-     En altre tipus de làmines a flexió, es pot adoptar els criteris següents en funció de la resistència a la ruptura, $R_m$, i del límit de fatiga, $S_f$:

Per a càrregues estàtiques:             $\sigma_{adm} = 0,75 \ R_m$
Per a càrregues dinàmiques alternatives:   $\sigma_{A \cdot adm} = 0,75 \ S_f$

En casos de sol·licitacions dinàmiques complexes cal procedir a la realització del diagrama de Goodman corresponent.

## 2.3 Ballestes

### Descripció

Són molles de resistència uniforme que treballen a flexió (millor factor d'aprofitament que les làmines de secció constant), formades per diverses làmines superposades, planes o lleugerament corbes, d'acer o d'un altre material resistent i elàstic, mantingudes alineades per unes abraçadores en un dels extrems (*ballesta en voladís*) o en la part central (*ballesta semiel·líptica*) (Fig. 2.7).

A la ballesta en voladís (o mitja ballesta) l'abraçadora assegura l'encast per un extrem, mentre que la força, *F*, s'aplica a l'altre i dóna lloc a la deformació, δ. A la ballesta semiel·líptica la força, *F*, s'aplica a la seva part central i dóna lloc a la deformació, δ; si la ballesta fa de molla guia, s'articula per un dels extrems i l'altre és recolzat sobre un patí o és guiat per un petit balancí; si no fa de molla guia, es pot recolzar sobre dos patins.

Les ballestes presenten un acusat efecte d'amortiment a causa del frec entre les làmines durant el moviment.

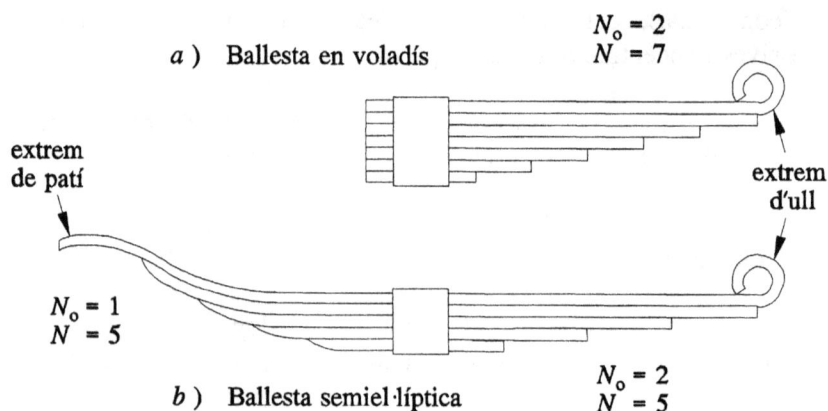

Figura 2.7

## Aplicacions

L'aplicació principal de les ballestes s'ha donat en el camp de les suspensions de vehicles automòbils i de ferrocarril. La seva capacitat de dissipar energia i amortir les irregularitats de la carretera o de la via, així com les funcions secundàries de guia o de suport, han estat factors importants en la seva aplicació.

No obstant això, en els vehicles lleugers cada cop més han estat substituïdes per altres tipus de molles (especialment les helicoïdals), a causa del seu important pes que afecta les masses no suspeses.

També s'apliquen a d'altres tipus de màquines que exigeixen un treball dur amb la necessitat d'absorbir cops i sotragades, com, per exemple, màquines per a forja, premses d'excèntrica, etc.

## Càlcul

La ballesta pot ser considerada com una làmina de resistència uniforme i d'amplada variable (alguns cops també d'altura variable) que ha estat tallada longitudinalment en làmines de la mateixa amplada, $b$, i que posteriorment han estat superposades.

Per al càlcul es parteix d'una làmina equivalent a la ballesta, de forma trapezial (ballesta en voladís), o doble-trapezial (ballesta semiel·líptica). Els paràmetres utilitzats en el càlcul són els mateixos que per a les làmines a flexió (Sec. 2.2), però en aquest cas, en ser variable l'amplada de la làmina equivalent, cal definir (Fig. 2.8):

$b$ = Amplada de les làmines de la ballesta (mm)

$b_o$ = $(N_o-1) \cdot b$ = Amplada equivalent en l'extrem o extrems no sotmesos a moment flector (mm)

$b_1$ = $N \cdot b$ = Amplada equivalent de la secció sotmesa al màxim moment flector (mm)

$N_o$ = Nombre de làmines de màxima longitud (-)

$N$ = Nombre total de làmines superposades (-)

L'amplada equivalent, $b_o$, de la secció no sotmesa a moment flector correspon a la de l'extrem lliure (ballesta en voladís), o a la dels extrems articulats (ballesta semiel·líptica), mentre que l'amplada equivalent, $b_1$, de la secció sotmesa a la màxima flexió correspon a l'extrem encastat (ballesta en voladís) o a la secció central (ballesta semiel·líptica).

Les principals hipòtesis per al càlcul d'una ballesta, confirmades per la pràctica, són les següents:

a)   La curvatura de la ballesta no és tinguda en compte.
b)   La càrrega sobre la ballesta es reparteix uniformement entre les diferents làmines.

En el cas de les ballestes, les fórmules per al càlcul són anàlogues a les de les làmines a flexió, si s'adopta en el càlcul de la força el valor de l'amplada equivalent de la secció sotmesa al màxim moment flector, $N \cdot b$, i s'afecta l'expressió de la deformació per un *coeficient de deformació, q*, que té en compte el fet de la variació de l'amplada. Les fórmules es transformen en:

$$F \quad = \quad \lambda_1 \, \frac{N \cdot b \cdot h^2}{6 \cdot L} \; (\sigma) \tag{12}$$

$$\delta \quad = \quad q \cdot \lambda_2 \, \frac{2 \cdot L^2}{h} \, (\frac{\sigma}{E}) \tag{13}$$

$$K \quad = \quad \frac{F}{\delta} \quad = \quad \frac{\lambda_3}{q} \cdot \frac{N \cdot b \cdot h^3}{12 \cdot L^3} \; (E) \tag{14}$$

$$E_{pe} \quad = \quad \frac{F \cdot \delta}{2} \quad = \quad q \cdot \lambda_4 \, \frac{N \cdot b \cdot h \cdot L}{3} \, (\frac{\sigma^2}{2 \cdot E}) \tag{15}$$

El coeficient de deformació, $q$, pren valors compresos entre 1, quan la làmina és rectangular, i 1,5 quan la làmina és triangular. Partint de la consideració de dues làmines que treballen en paral·lel —una rectangular, d'amplada $b_o$, i l'altra triangular, d'amplada màxima $(b_1 - b_o)$— l'expressió matemàtica d'aquest coeficient és

$$q \quad = \quad \frac{3}{2 + \dfrac{b_o}{b_1}} \tag{16}$$

El coeficient d'aprofitament de les ballestes oscil·la entre $\eta_A = 1/9$, en el cas extrem de làmina equivalent rectangular, i $\eta_A = 1/3$, en l'altre cas extrem de làmina equivalent triangular. La seva expressió matemàtica és

$$\eta_A = \frac{2}{3 \left(1 + \frac{b_o}{b_1}\right) \left(2 + \frac{b_o}{b_1}\right)} \tag{17}$$

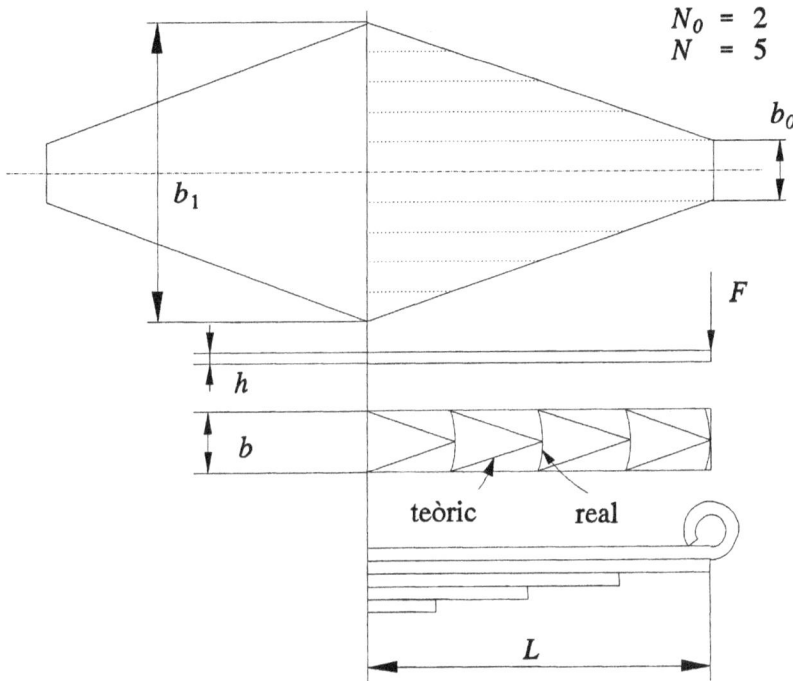

Figura 2.8

## Recomanacions per al disseny

*a)   Repartiment de la càrrega*

Amb la finalitat d'assegurar el repartiment de la càrrega entre les làmines d'una ballesta, cal que aquestes estiguin ben subjectades entre elles per la secció de màxim moment flector; sovint també es dóna una curvatura lleugerament superior en les làmines més curtes.

*b)*    *Amortiment i rendiment*

A causa del fregament entre les làmines de la ballesta, les fórmules per al càlcul donades anteriorment es compleixen de forma aproximada. Tanmateix, el rendiment de la ballesta, $\eta_W$, té valors relativament alts (generalment superiors a 0,95) i pot ser avaluat en funció del coeficient de sensibilitat, $\xi_W$, de la ballesta per mitjà de la fórmula ($\mu$ és el coeficient de fricció)

$$\eta_W \approx 1 - \xi_W = 1 - 2\mu\frac{h}{L}(N-1) \tag{18}$$

*b)*    *Materials*

Les ballestes es fabriquen principalment amb acer laminat en fred o en calent, amb un tractament posterior de tremp. Amb la finalitat de millorar les condicions de resistència a la fatiga de la seva superfície, poden ser sotmeses a una compactació superficial (perdigonatge) o a una rectificació. Algunes de les recomanacions sobre materials són:

Acer aliat per a ballesta, amb tremp   ($R_m \geq 1400$ MPa)

| | | | |
|---|---|---|---|
| Acabat de laminació | $\sigma_A$ | $=$ | $120 \div 200$   MPa |
| Perdigonatge | $\sigma_A$ | $=$ | $300 \div 330$   MPa |
| Rectificació | $\sigma_A$ | $=$ | $400 \div 450$   MPa |

Per a la tensió admissible es recomana:

| | | | |
|---|---|---|---|
| Càrregues estàtiques | $\sigma_{adm}$ | $\leq$ | $0,65\ R_m$ |
| Càrregues dinàmiques | $\sigma_{Aadm}$ | $\leq$ | $0,75\ \sigma_A$ |

Per a les ballestes de vehicle (automòbil, ferrocarril, etc.) és difícil d'avaluar *a priori* l'histograma de les càrregues; fruit de l'experiència i d'estudis precedents, s'accepten les tensions admissibles següents referides a la càrrega estàtica del vehicle:

| | | | |
|---|---|---|---|
| Automòbils i camions: | | | |
| Suspensió del davant | $\sigma_{adm}$ | $=$ | $400 \div 500$   MPa |
| Suspensió del darrere | $\sigma_{adm}$ | $=$ | $550 \div 650$   MPa |
| Ferrocarril: | $\sigma_{adm}$ | $\leq$ | $700$   MPa |

# 2.4 Molles enrotllades de torsió

## Descripció

Són molles, de fil de secció circular o de secció rectangular, enrotllades en forma d'hèlice (*molles helicoïdals de torsió*, Fig. 2.10) o en espiral (*molles espirals*, Fig. 2.12), amb els extrems configurats de forma que permetin la fixació o la retenció sobre dues peces que poden girar mútuament segons l'eix de l'hèlice o un eix perpendicular al centre del pla de l'espiral. Sovint es munten sobre un nucli cilíndric que els fa de guia o de suport.

L'acció sobre les molles enrotllades s'exerceix per mitjà de les peces unides als seus extrems, i consisteix en dos moments torçors, $M_t$, iguals i de sentits contraris que donen lloc a una deformació angular, $\theta$, relativa entre aquests extrems. El material és sol·licitat a flexió.

## Càlcul

Tant en un cas (molles helicoïdals de torsió) com en l'altre (molles espirals), amb una fixació correcta dels extrems, el fil de la molla està sotmès a una flexió constant a tota la seva longitud. Els paràmetres que intervenen en el càlcul són:

| | | | |
|---|---|---|---|
| $M_t$ | = | Moment torçor sobre la molla | (Nmm) |
| $\theta$ | = | Deformació torsional | (rad) |
| $K_\theta$ | = | Rigidesa torsional | (Nmm/rad) |
| $E_{pe}$ | = | Energia potencial elàstica | (Nmm) |
| $W_f$ | = | Moment resistent a flexió | (mm$^3$) |
| $I_f$ | = | Moment d'inèrcia a flexió | (mm$^4$) |
| $L$ | = | Longitud activa del fil | (mm) |
| $\sigma$ | = | Tensió de tracció-compressió | (MPa) |
| $E$ | = | Mòdul d'elasticitat | (MPa) |
| $q_1$ | = | Factor de correcció de la tensió | (-) |
| $C$ | = | Relació d'enrotllament | (-) |

Les fórmules genèriques per a qualsevol tipus de molla enrotllada i qualsevol tipus de secció del fil són:

$$M_t = \frac{W_f}{q_1} (\sigma) \tag{19}$$

$$\theta = \frac{M_t \cdot L}{E \cdot I_f} = \frac{W_f \cdot L}{q_1 \cdot I_f} \left(\frac{\sigma}{E}\right) \tag{20}$$

$$K_\theta = \frac{M_t}{\theta} = \frac{I_f}{L} (E) \tag{21}$$

$$E_{pe} = \frac{M_t \cdot \theta}{2} = \frac{W_f^2 \cdot L}{q_1^2 \cdot I_f} \left(\frac{\sigma^2}{2 \cdot E}\right) \tag{22}$$

## Recomanacions per al disseny

a)   *Subjecció dels extrems*

A fi que el funcionament de la molla sigui correcte, els extrems de la molla han d'estar subjectats rígidament, o bé cal muntar la molla sobre un nucli o un allotjament que li faci de guia.

En el cas de potes llargues sobre les quals no s'aplica un parell, sinó una força, cal fer intervenir la flexió d'aquestes potes en el disseny i el càlcul de la molla.

b)   *Sentit de treball de la molla*

El retorn elàstic del fil o làmina d'una molla enrotllada, després de ser conformada en fred, crea unes tensions residuals de compressió a l'exterior de l'espira i de tracció a l'interior. Si la molla treballa en el sentit de l'enrotllament, la compressió residual de l'exterior de l'espira contraresta parcialment la tracció de treball, mentre que si treballa en sentit contrari, la tracció residual de l'interior se suma a la tracció de treball.

Per tant, és preferible fer treballar les molles enrotllades de torsió en el sentit de l'enrotllament; llavors el factor de correcció de la tensió que es pren és $q_1 = 1$. En cas de fer-les treballar en sentit contrari, cal aplicar el valor del factor de correcció, $q_1$, donat per la Figura 2.9.

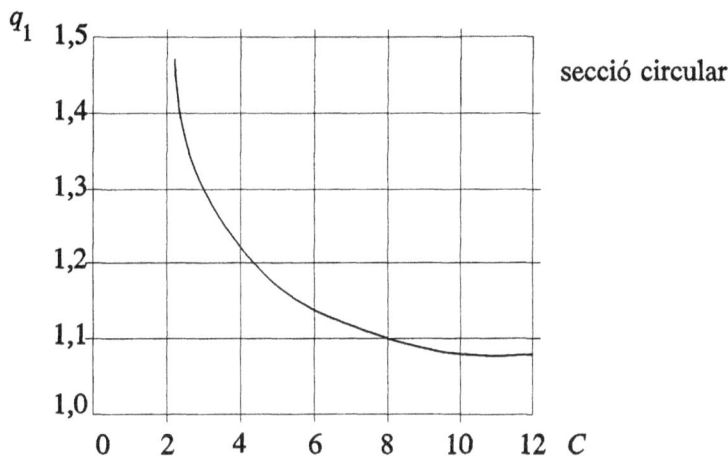

Figura 2.9

c)   *Enrotllament a bloc*

Tant si l'enrotllament és helicoïdal com espiral la molla canvia de diàmetre en ser sotmesa a deformació. Si el moment torçor s'aplica en el sentit de l'enrotllament, el diàmetre disminueix, mentre que si s'aplica en sentit contrari, el diàmetre augmenta.

Sovint les molles enrotllades estan guiades o suportades per un nucli cilíndric. En aquest cas, si la molla treballa en el sentit de l'enrotllament, cal evitar que actuï més enllà de quan les espires abracin el nucli (molles helicoïdals enrotllades), o s'apilin sobre si mateixes (molla espiral). En aquesta situació, anomenada *enrotllament a bloc*, la molla adquireix una gran rigidesa i deixa de funcionar correctament.

d)   *Valors de càlcul*

Tant a les molles helicoïdals a torsió, com a les molles espirals sotmeses a càrregues estàtiques, es pot prendre els valors de $\sigma_{adm} = 0,7\ R_m$.

Per a molles sotmeses a càrregues dinàmiques és recomanable utilitzar acers o altres materials per a molles de qualitat. A les molles helicoïdals de torsió es recomana utilitzar fil d'acer de qualitat C segons la norma DIN 17223. Un terme de referència pot ser el diagrama de la Figura 2.10.

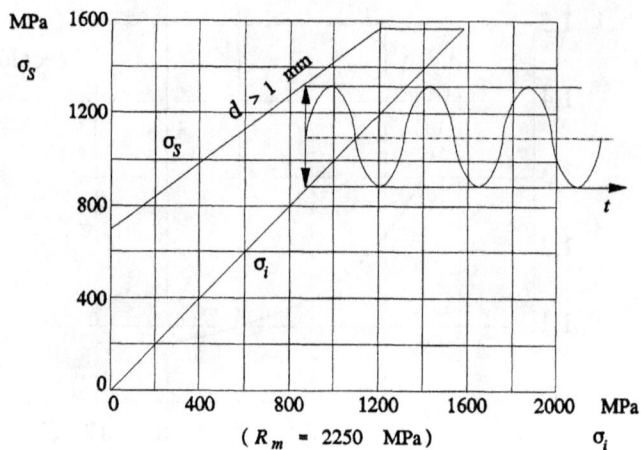

Figura 2.10

## Molles helicoïdals de torsió

Com ja s'ha dit, són molles de secció generalment circular enrotllades en hèlice que tenen un comportament de torsió, malgrat que el material treballa a flexió. La figura 2.11 mostra els paràmetres utilitzats en el càlcul.

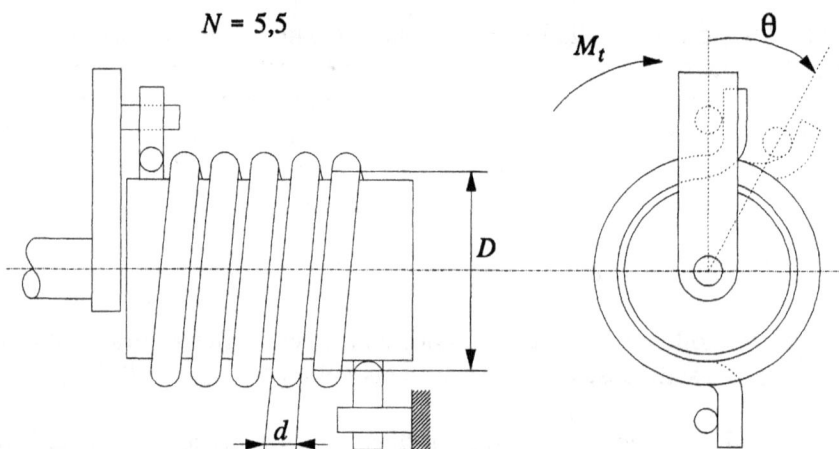

Figura 2.11

## Aplicacions

Les molles helicoïdals de torsió són relativament barates i fàcils de realitzar i, per tant, tenen múltiples aplicacions en màquines i en objectes quotidians. Sovint els seus extrems tenen una gran diversitat de formes i dimensions que proporcionen funcions secundàries d'autosubjecció de la molla, d'unió entre peces, de sistema de retenció, etc. Potser l'aplicació que resumeix millor les possibilitats de les molles helicoïdals de torsió és l'agulla (o pinça) d'estendre roba (Fig. 2.12).

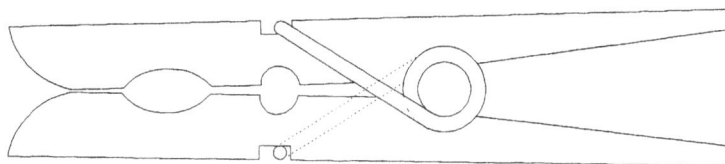

Fig. 2.12

## Càlcul

Atès que la immensa majoria de les molles helicoïdals de torsió són fabricades amb fil rodó, les equacions anteriors s'adapten als paràmetres d'aquesta secció, tot i que també es podrien adaptar als de les seccions rectangulars. Els paràmetres que intervenen en el càlcul són (Fig. 2.11):

| | | |
|---|---|---|
| $M_t$ | = Moment torçor sobre la molla | (Nmm) |
| $\theta$ | = Deformació torsional | (rad) |
| $K_\theta$ | = Rigidesa torsional | (Nmm/rad) |
| $E_{pe}$ | = Energia potencial elàstica | (Nmm) |
| $D$ | = Diàmetre mitjà de l'espira | (mm) |
| $d$ | = Diàmetre del fil | (mm) |
| $N$ | = Nombre d'espires actives | (-) |
| $L$ | = Longitud activa del fil | (mm) |
| $W_f$ | = Moment resistent a flexió | (mm³) |
| $I_f$ | = Moment d'inèrcia a flexió | (mm⁴) |
| $\sigma$ | = Tensió de tracció-compressió | (MPa) |
| $E$ | = Mòdul d'elasticitat | (MPa) |
| $q_1$ | = Factor de correcció de la tensió | (-) |

El moment resistent i el moment d'inèrcia d'una secció rodona són, respectivament,

$$W_f = \frac{\pi\, d^3}{32} \qquad\qquad I_f = \frac{\pi\, d^4}{64} \tag{23}$$

Aplicant aquests valors a les equacions anteriors, i tenint en compte que la longitud del fil és $L = \pi \cdot D \cdot N$, s'obté

$$M_t \;\; = \;\; \frac{\pi\, d^3}{32\, q_1}\, (\sigma) \tag{24}$$

$$\theta \;\; = \;\; \frac{2\,\pi\, D\, N}{q_1\, d}\, (\frac{\sigma}{E}) \tag{25}$$

$$K_\theta \;\; = \;\; \frac{d^4}{64\, D\, N}\, (E) \tag{26}$$

$$E_{pe} \;\; = \;\; \frac{1}{4\, q_1^2}\, (\frac{\pi\, d^2}{4}\, \pi\, D\, N)\, (\frac{\sigma^2}{2\cdot E}) \tag{27}$$

Aquesta darrera expressió permet establir que el factor d'aprofitament per a les molles helicoïdals de torsió de fil circular és de $\eta_A = 0{,}250$.

## Molles espirals

Com ja s'ha dit, són molles de secció generalment rectangular (làmines primes) enrotllades en espiral d'Arquimedes que tenen un comportament de torsió, malgrat que el material treballa a flexió. La figura 2.13 ens en mostra una versió, amb els paràmetres utilitzats en el càlcul. Poden ser accionades pel seu extrem interior o pel seu extrem exterior, sense que això canviï el càlcul.

### Aplicacions

S'utilitzen com a forma d'emmagatzemar energia en aparells de rellotgeria, en sistemes de mesurament i en altres dispositius anàlegs. Ha estat durant molt de temps el sistema d'accionament ("la corda") de moltes joguines, avui dia substituïdes per petits motors elèctrics amb piles.

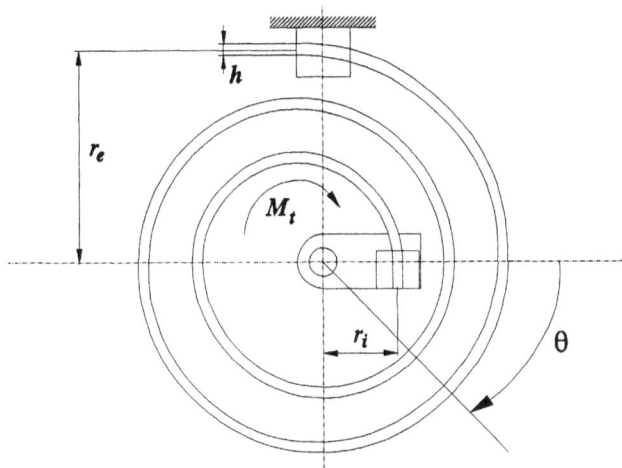

Figura 2.13

## Càlcul

La immensa majoria de les molles espirals són de fil rectangular, general-
ment amb l'amplada molt superior al gruix, per la qual cosa s'adaptarà
aquesta secció a les fórmules que es donen a continuació. Els paràmetres
que intervenen en el càlcul són (Fig. 2.13):

| | | |
|---|---|---|
| $M_t$ | = Moment torçor sobre la molla | (Nmm) |
| $\theta$ | = Deformació torsional | (rad) |
| $K_\theta$ | = Rigidesa torsional | (Nmm/rad) |
| $E_{pe}$ | = Energia potencial elàstica | (Nmm) |
| $h$ | = Gruix de la làmina | (mm) |
| $b$ | = Amplada de la làmina | (mm) |
| $r_i$ | = Radi de l'espira més interior | (mm) |
| $r_e$ | = Radi de l'espira més exterior | (mm) |
| $N$ | = Nombre d'espires actives | (-) |
| $L$ | = Longitud activa del fil | (mm) |
| $W_f$ | = Moment resistent a flexió | (mm³) |
| $I_f$ | = Moment d'inèrcia a flexió | (mm⁴) |
| $\sigma$ | = Tensió de tracció-compressió | (MPa) |
| $E$ | = Mòdul d'elasticitat | (MPa) |
| $q_1$ | = Factor de correcció de la tensió | (-) |

El moment resistent i el moment d'inèrcia d'una secció rectangular són, respectivament,

$$W_f = \frac{b\,h^2}{6} \qquad I_f = \frac{b\,h^3}{12} \tag{28}$$

Aplicant aquests valors a les equacions anteriors, i tenint en compte que la longitud del fil és $L = \pi \cdot (r_e - r_i) \cdot N$, s'obté

$$M_t = \frac{b\,h^2}{6\,q_1}\,(\sigma) \tag{29}$$

$$\theta = \frac{2\,\pi\,(r_e + r_i)\,D\,N}{q_1\,h}\,(\frac{\sigma}{E}) \tag{30}$$

$$K_\theta = \frac{b\,h^3}{12\,\pi\,(r_e + r_i)\,N}\,(E) \tag{31}$$

$$E_{pe} = \frac{1}{3\,q_1^2}\,(b\,h\,\pi\,D\,(r_e + r_i)\,N)\,(\frac{\sigma^2}{2\cdot E}) \tag{32}$$

Aquesta darrera expressió permet establir que el factor d'aprofitament per a les molles espirals de torsió de fil circular és de $\eta_A = 0,333$.

## 2.5 Molles discoïdals o Belleville

### Descripció

Les molles discoïdals estan constituïdes per discs anulars cònics, els quals generalment se superposen segons diferents disposicions formant columnes. El comportament global que tenen és el d'una molla de compressió en la direcció de l'eix dels discs (Fig. 2.14).

S'accionen per mitjà de dues forces axials, $F$, iguals i de sentits contraris, repartides sobre les vores interior i exterior del disc, que donen lloc a la deformació, $\delta$, que tendeix a aplanar-les. Això produeix un estat de tensió complex que, vist sobre una secció diametral, correspon a una flexió, amb esforços de tracció a la vora exterior i de compressió a la vora interior.

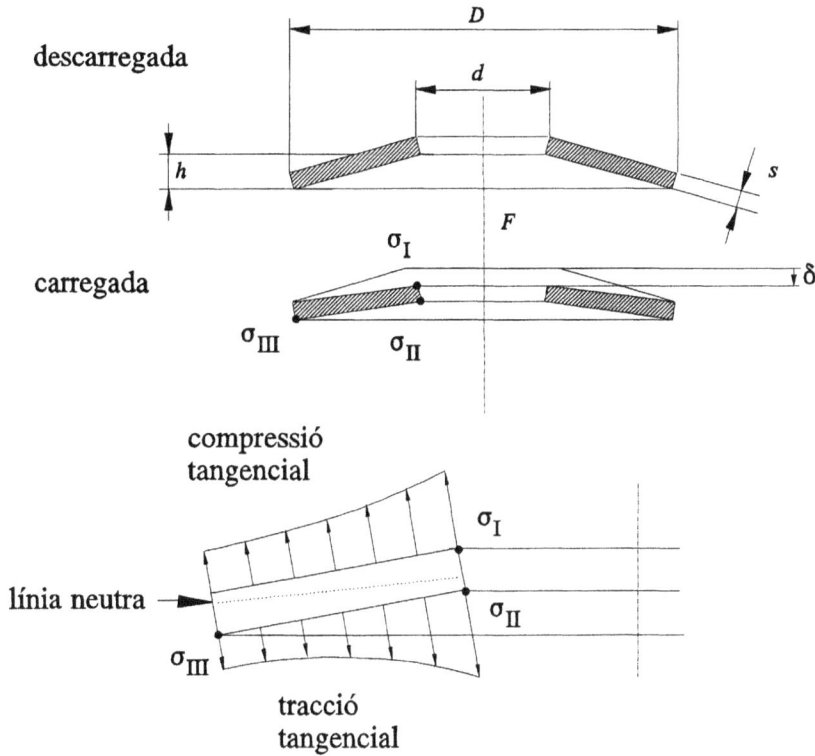

Figura 2.14

## Aplicacions

Les molles discoïdals s'usen en una gran diversitat d'aplicacions, especialment en aquelles que exigeixen una gran rigidesa en un espai molt reduït, o bé en aplicacions a les quals s'aprofita la no linealitat de la seva característica elàstica (Fig. 2.15).

Efectivament: per a valors de la relació conicitat-gruix, $h/s$, inferiors a 0,6 la característica elàstica és bàsicament lineal; per a valors de la relació $h/s$ compresos entre 0,6 i 1,4 aquesta característica és regressiva; per a valors de la relació $h/s$ al voltant de 1,4 presenta un tram horitzontal (rigidesa nul·la); i, finalment, per a valors de la relació $h/s$ superior a 1,4 presenta un tram descendent (rigidesa negativa, on la força disminueix amb la deformació) (Fig. 2.15). Per a utilitzar de forma efectiva aquest darrer efecte (rigidesa negativa) en el camp de les tensions admissibles, cal prendre unes relacions de conicitat-gruix, $h/s$, superiors a 2 (Fig. 2.15).

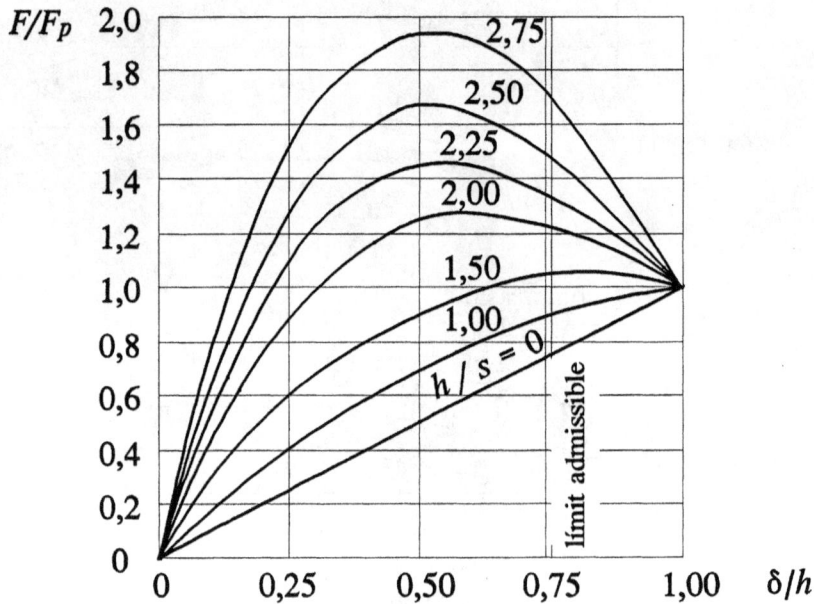

Figura 2.15

Així, doncs, les molles discoïdals s'utilitzen en aplicacions com, per exemple, suspensions de màquines, molles per a vàlvules, la compensació axial de rodaments, de jocs o de desgast (frens, embragatges, etc).

Aquests elements són fàcils de conformar i per mitjà de les seves dimensions (diàmetres, gruixos i conicitats) poden adaptar fàcilment el seu comportament elàstic a les necessitats de l'aplicació.

A més, mitjançant diferents combinacions de molles discoïdals disposades en sèrie i/o en paral·lel, amb un sol element es pot aconseguir una gamma esglaonada de rigideses. Cal tenir en compte, aleshores, que les molles en paral·lel introdueixen un amortiment causat pel frec entre els discs (Fig. 2.16).

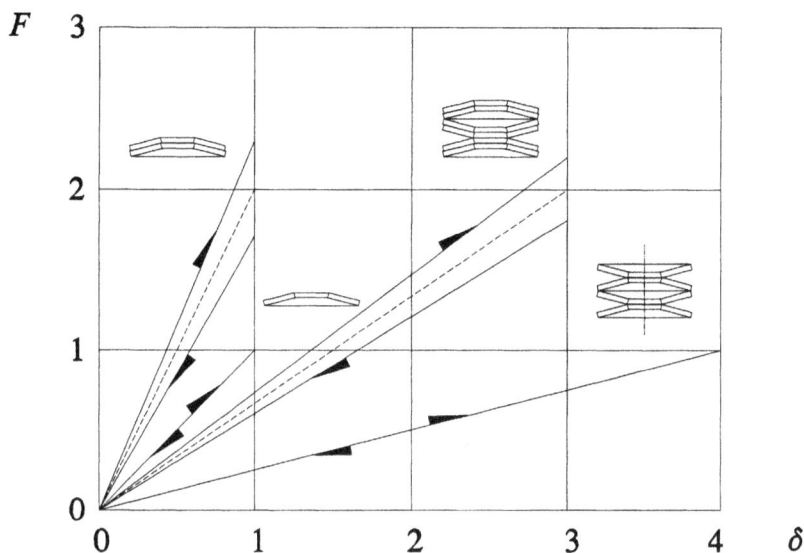

Figura 2.16

Els discs s'han de guiar, ja sigui interiorment (de forma preferent) o exteriorment, especialment si són columnes llargues, i els elements de guia cal que siguin molt durs per evitar un desgast ràpid del material amb el frec. Les columnes molt altes poden donar lloc al fenomen del vinclament, fenomen que encara agreuja més el frec amb elements de guia.

## Càlcul

La càrrega, $F$, sobre una molla discoïdal, en deformar el disc tot aplanant-lo, dóna lloc a unes tensions de tracció i compressió en la direcció tangencial, que vistes en la direcció radial corresponen a unes tensions de flexió.

Per a una càrrega estàtica és decisiva la tensió màxima de compressió, $\sigma_I$, en el radi interior superior (Fig. 2.14). Per a sol·licitacions dinàmiques, són decisives les tensions de tracció, $\sigma_{II}$, en el radi interior cara inferior; i de tracció, $\sigma_{III}$, en el radi exterior, cara inferior.

Els paràmetres que intervenen en el càlcul són:

| | | | |
|---|---|---|---|
| $F$ | = | Força sobre la molla | (N) |
| $F_p$ | = | Força d'aplanament | (N) |
| $\delta$ | = | Deformació | (mm) |
| $K$ | = | Rigidesa | (N/mm) |
| $D$ | = | Diàmetre exterior | (mm) |
| $d$ | = | Diàmetre interior | (mm) |
| $C$ | = $D/d$ = | Relació de diàmetres | (-) |
| $s$ | = | Gruix de la molla | (mm) |
| $h$ | = | Altura de conicitat | (mm) |
| $\sigma_I$ | = | Tensió-compressió radi interior superior | (MPa) |
| $\sigma_{II}$ | = | Tensió-compressió radi interior inferior | (MPa) |
| $\sigma_{III}$ | = | Tensió-tracció radi exterior inferior | (MPa) |
| $E$ | = | Mòdul d'elasticitat | (MPa) |
| $\nu$ | = | Coeficient de Poisson | (-) |
| $E'$ | = $E/(1-\nu^2)$ = | Mòdul d'elasticitat de càlcul | (-) |
| $\alpha,\beta,\gamma$ | = | Coeficients de càlcul, funció de $C$ | (-) |

En aquest cas no existeix una relació lineal entre la força i el desplaçament, per la qual cosa es proporciona l'expressió matemàtica de la característica elàstica (segons Almen i Lázló)

$$F = \frac{4\,E'}{\alpha\,D^2}\,s^4\,\frac{\delta}{s}\,\left(\left(\frac{h}{s} - \frac{\delta}{s}\right)\left(\frac{h}{s} - \frac{\delta}{2\,s}\right) + 1\right) \tag{33}$$

La força d'aplanament correspon a la deformació $\delta = h$

$$F_p = \frac{4\,E'}{\alpha\,D^2}\,s^4\,\frac{h}{s} \tag{34}$$

i les fórmules representatives de les tres tensions de càlcul són:

$$\sigma_I = \frac{4\,E'}{\alpha\,D^2}\,s^2\,\frac{\delta}{s}\,\left(-\beta\left(\frac{h}{s} - \frac{\delta}{2\,s}\right) - \gamma\right) \tag{35}$$

$$\sigma_{II} = \frac{4\,E'}{\alpha\,D^2}\,s^2\,\frac{\delta}{s}\,\left(-\beta\left(\frac{h}{s} - \frac{\delta}{2\,s}\right) + \gamma\right) \tag{36}$$

$$\sigma_{III} = \frac{4\,E'}{\alpha\,D^2\,C}\,s^2\,\frac{\delta}{s}\,\left((2\,\gamma - \beta)\left(\frac{h}{s} - \frac{\delta}{2\,s}\right) + \gamma\right) \tag{37}$$

on els coeficients de càlcul $\alpha$, $\beta$, i $\gamma$ es calculen en funció de:

$$\alpha = \frac{6}{\pi \ln C} (1 - \frac{1}{C})^2 \qquad \beta = \frac{6}{\pi \ln C} (\frac{C-1}{\ln C} - 1)$$

$$\gamma = \frac{6}{\pi \ln C} (\frac{C-1}{2}) \tag{38}$$

### Recomanacions per al disseny

*a)*  El valor del factor d'aprofitament presenta els seus valors òptims per a una relació de diàmetres $C = 1,5 \div 2,0$. La relació entre l'altura de conicitat i el gruix, $h/s$, és el paràmetre determinant per modificar la forma de característica elàstica i, per tant, la rigidesa.

*b)*  Moltes molles discoïdals presenten una relació $h/s$ baixa ($\leq 0,4$), amb la qual cosa la característica elàstica no se separa gaire de la linealitat. En aquest cas es pot establir una proporcionalitat entre forces i deformacions que facilita molt el càlcul

$$K \approx \frac{F}{\delta} \approx \frac{F_p}{h} = \frac{4\,E^I}{\alpha\,D^2}\,s^3 \tag{39}$$

D'aquesta expressió aproximada es pot avaluar $\delta/h$. En cas de molles discoïdals que s'apartin molt del comportament lineal, caldria avaluar el desplaçament, $\delta$, a partir de l'expressió implícita de la fórmula d'Almen i Lázló (Eq. 33).

*c)*  Quan la sol·licitació sobre les molles discoïdals és fonamentalment estàtica, cal comprovar que la deformació es mantingui dintre del límit $\delta \geq 0,75\,h$ (DIN 2093). En cas que se sobrepassi aquesta deformació, caldria comprovar que la tensió de compressió, $\sigma_I$, (Eq. 35) no superi els valors admissibles (2.000 $\div$ 2.400 MPa, segons l'acer).

*d)*  Quan la sol·licitació és dinàmica, cal avaluar els valors inferior i superior de la força i les deformacions corresponents ($F_i$, $\delta_i$; $F_s$, $\delta_s$), a partir dels quals es calculen les tensions corresponents de tracció més crítiques ($\sigma_{IIi}$, $\sigma_{IIs}$ i $\sigma_{IIIi}$, $\sigma_{IIIs}$, per mitjà de les equacions 36 i 37). Posteriorment, s'ha de comprovar que aquestes tensions estiguin dintre de les admissibles (Fig. 2.17).

El gràfic de la figura 2.17 (DIN 2093) és vàlid per a gruixos de la molla compresos entre 1 ÷ 6 mm. Per a molles de gruix més petit, les tensions admissibles són superiors.

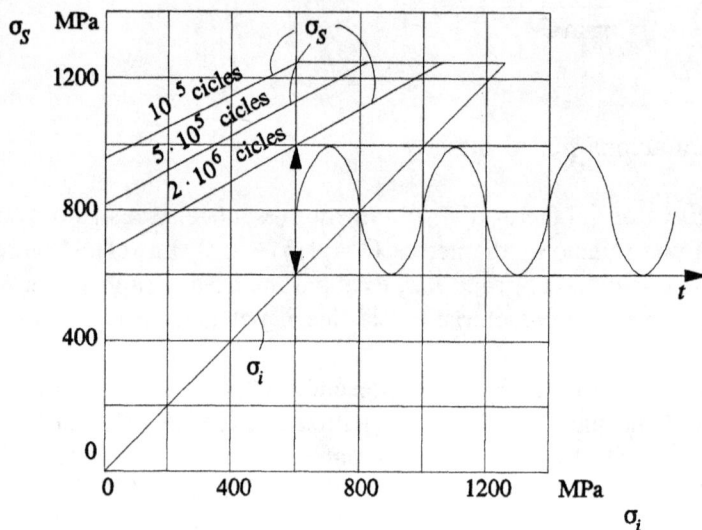

Figura 2.17

# 3  Molles sol·licitades a torsió

## 3.1  Barres de torsió

**Descripció**

Les barres de torsió són molles torsionals formades per una barra de secció cilíndrica, quadrada o rectangular de longitud relativament gran respecte a les dimensions de la seva secció que, en ser-li aplicats uns moments torçors, $M_t$, iguals i de sentits contraris sobre un dels seus extrems, es produeix una deformació torsional relativa, $\theta$ (Fig. 3.1).

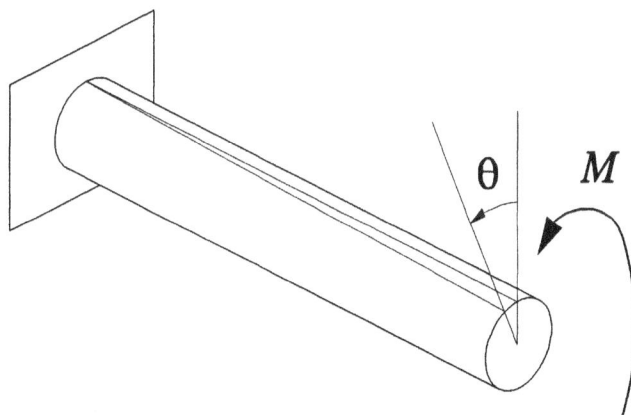

Figura 3.1

Els extrems han de ser dissenyats convenientment a fi de possibilitar-ne la subjecció i la transmissió del parell. A causa del fet que s'hi produeixen les tensions més crítiques, se'n reforça la secció i s'arrodoneixen les zones de transició. La figura 3.2 mostra diversos tipus d'extrem, de seccions estriada, bisellada, hexagonal i quadrada.

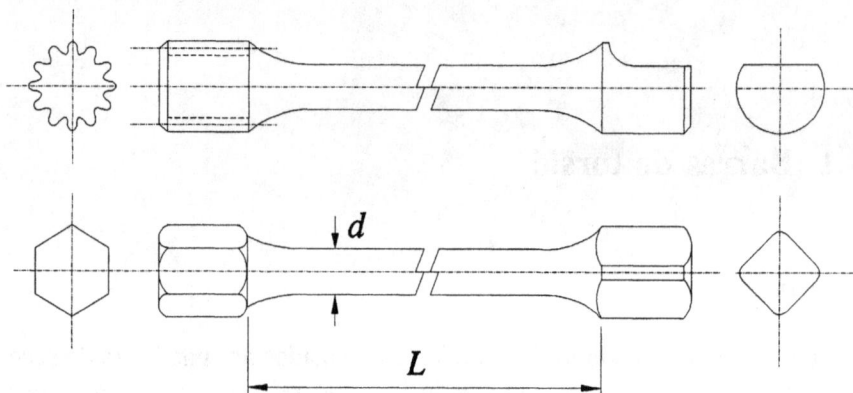

Figura 3.2

## Aplicacions

La barra de torsió més senzilla és la de secció circular i s'utilitza en suspensions d'automòbils, barres estabilitzadores, claus dinamomètriques, acoblaments elàstics entre arbres, etc. També existeixen barres de torsió quadrades i rectangulars (Fig. 3.3).

En alguns automòbils s'han usat barres de torsió formades per un empaquetament de làmines que actuen com a molles rectangulars en paral·lel, les quals, per a una mateixa secció i material, resulten molt més curtes que una barra massissa (Fig. 3.3); tanmateix, presenten altres inconvenients.

## Càlcul

El moment torçor, $M_t$, es manté constant al llarg de tota la barra i, en ser constant la secció (a excepció dels extrems), les tensions també resulten constants.

Si s'analitzen les tensions en una secció s'observa que l'esforç tallant augmenta des del seu centre fins a les fibres de la superfície que estan sotmeses a les màximes sol·licitacions.

Els paràmetres que intervenen en el càlcul són:

| | | | |
|---|---|---|---|
| $M_t$ | = | Moment torçor sobre la molla | (Nmm) |
| $\theta$ | = | Deformació torsional | (rad) |
| $K_\theta$ | = | Rigidesa torsional | (Nmm/rad) |
| $E_{pe}$ | = | Energia potencial elàstica | (Nmm) |
| $W_t$ | = | Moment resistent a torsió | (mm³) |
| $I_t$ | = | Moment d'inèrcia a torsió | (mm⁴) |
| $L$ | = | Longitud de la barra | (mm) |
| $\tau$ | = | Tensió de cisallament | (MPa) |
| $G$ | = | Mòdul de rigidesa | (MPa) |
| $N$ | = | Nombre de làmines | (-) |
| $\eta_1$ | = | Coeficient de moment resistent a torsió (secció rectangular) | (-) |
| $\eta_2$ | = | Coeficient de moment d'inèrcia a torsió (secció rectangular) | (-) |
| $A$ | = | Secció de la barra (o d'una làmina) | (mm²) |

Les fórmules genèriques per al càlcul de barres de torsió són:

$$M_t = N \cdot W_t \, (\tau) \tag{1}$$

$$\theta = \frac{M_t \cdot L}{G \cdot N \cdot I_t} = \frac{W_t \cdot L}{I_t} \left(\frac{\tau}{G}\right) \tag{2}$$

$$K_\theta = \frac{M_t}{\theta} = \frac{N \cdot I_t}{L} \, (G) \tag{3}$$

$$E_{pe} = \frac{M_t \cdot \theta}{2} = \frac{N \cdot W_t^2 \cdot L}{I_t} \left(\frac{\tau^2}{2 \cdot G}\right) \tag{4}$$

S'ha introduït el nombre de làmines, $N$, a les barres de torsió de multilaminar. Òbviament, tant en el càlcul d'una barra de secció circular com en el d'una barra de secció quadrada o rectangular massissa, cal prendre $N = 1$.

Les fórmules per als moments resistents i els moments d'inèrcia de les seccions circular i rectangular (en el límit, quadrada) són les següents:

Secció Circular          Secció rectangular

$$W_t = \frac{\pi}{16} d^3 \qquad\qquad W_t = \eta_1 \cdot a \cdot b^2 \qquad\qquad (5)$$

$$J_t = \frac{\pi}{32} d^4 \qquad\qquad J_t = \eta_2 \cdot a \cdot b^3 \qquad\qquad (6)$$

Els coeficients $\eta$ que apareixen a les fórmules per a les seccions rectangulars (i, en el cas límit, quadrades) s'obtenen de la taula següent:

| $a/b$ | 1 | 1,5 | 2 | 3 | 4 | 6 | 10 | $\infty$ |
|-------|-------|-------|-------|-------|-------|-------|-------|-------|
| $\eta_1$ | 0,208 | 0,231 | 0,246 | 0,267 | 0,282 | 0,299 | 0,313 | 0,333 |
| $\eta_2$ | 0,140 | 0,196 | 0,299 | 0,263 | 0,281 | 0,299 | 0,313 | 0,333 |

El Factor d'aprofitament, $\eta_A$, expressat de forma genèrica és

$$E_{pe} = \frac{W_t^2}{I_t \cdot A} \qquad\qquad (7)$$

Si s'apliquen els paràmetres corresponents d'una secció circular, d'una secció quadrada, i d'una secció quadrada multilaminar, a les equacions del comportament d'una barra de torsió, s'obtenen els valors del quadre següent, els quals faciliten les comparacions:

| | Secció circular | Secció quadrada | Multilaminar $(N=4;\ b=a/N)$ |
|-------|-------|-------|-------|
| $M_t$ | 0,196 $d^3(\tau)$ | 0,208 $a^3(\tau)$ | 0,071 $a^3(\tau)$ |
| $\theta$ | $2(L/d)(\tau/G)$ | $1,5(L/a)(\tau/G)$ | $4(L/a)(\tau/G)$ |
| $K_\theta$ | $0,098(d^4/L)(G)$ | $0,140(a^4/L)(G)$ | $0,018(a^4/L)(G)$ |
| $E_{pe}$ | $0,393(d^2L)(\tau/2G)$ | $0,312(d^2L)(\tau/2G)$ | $0,285(d^2L)(\tau/2G)$ |
| $\eta_A$ | 0,500 | 0,312 | 0,285 |

En el cas de barres de torsió de làmines múltiples, les fórmules anteriors proporcionen un càlcul aproximat que és suficientment acceptable mentre *a/b* sigui més petit que 5. L'entregirament de les làmines dóna lloc a un estat tensional complex on, a més de les tensions de torsió, apareixen tensions de flexió i de tracció. El frec entre les làmines deteriora les superfícies i, per tant, les tensions admissibles han de ser disminuïdes.

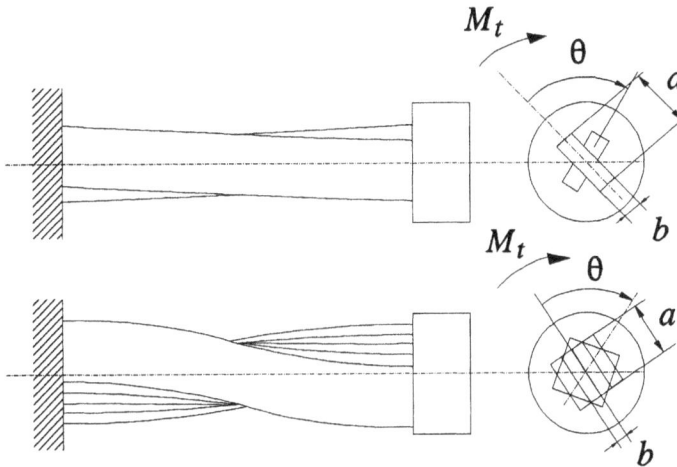

Figura 3.3

### Recomanacions per al disseny

El material generalment usat a la fabricació de barres de torsió és l'acer 50CrV4 (UNE 36.015, i DIN 17221).

A continuació es donen orientacions sobre les tensions admissibles:

*a)*   Sol·licitacions preponderantment estàtiques:   $\tau_{adm} \leq 700$ MPa

*b)*   Sol·licitacions dinàmiques ($d \leq 40$ mm)

   *b1)* Bonificada i rectificada:   $\tau_{Aadm} \leq 190$ MPa

   *b1)* Bonificada i compactació superficial:   $\tau_{Aadm} \leq 290$ MPa

# 3.2 Molles helicoïdals. Tipus i aplicacions

## Descripció

Una molla helicoïdal és un element elàstic consistent en un fil metàl·lic enrotllat en forma d'hèlice que, quan és sotmès a una força de compressió (el més freqüent) o de tracció (menys sovint), el material treballa a torsió. També existeixen molles helicoïdals de torsió i, aleshores, el material treballa a flexió; aquest cas ja ha estat vist a la secció 2.6 (molles enrotllades).

La molla helicoïdal cilíndrica, de fil d'acer de secció circular, és sens dubte la molla més utilitzada a la construcció mecànica. Això es deu a les bones qualitats que té i que es descriuen a continuació:

* A igualtat de prestacions, és molt barata.
* És fàcil de calcular, dimensionar i fabricar.
* Permet obtenir una alta gamma de valors de la constant de rigidesa.
* Admet l'aplicació exterior de forces de tracció, compressió, torsió i, fins i tot, de cisallament.

## Tipus de molla helicoïdal i aplicacions

Les molles helicoïdals formen una gran família que es pot classificar segons els criteris següents:

*A)* Segons la força exterior a què és sotmesa:

   *A*1. Molla helicoïdal de compressió
   *A*2. Molla helicoïdal de tracció
   *A*3. Molla helicoïdal de torsió (Sec. 2.6)

*B)* Segons el tipus de generatriu de la molla:

   *B*1 Molla helicoïdal cilíndrica
   *B*2. Molla helicoïdal cònica
   *B*3. Molla helicoïdal parabòlica

*C)*    Segons la secció del fil de la molla:

     *C*1   Fil de secció rodona
     *C*2   Fil de secció quadrada
     *C*3   Fil de secció rectangular

Tot i la gran diversitat de molles helicoïdals que resulten de l'encreuament de les diferents tipologies esmentades anteriorment, tal com ja s'ha dit la immensa majoria de les molles utilitzades a les màquines correspon a les *molles helicoïdals cilíndriques de fil de secció rodona* (amb més freqüència, *de compressió* que *de tracció*) i és en aquestes on més endavant es posarà l'èmfasi (Sec. 3.4 i 3.5).

Tanmateix, abans de passar al disseny i càlcul de les molles helicoïdals cilíndriques de fil de secció rodona, hi ha tres punts que convé analitzar a fi de precisar els camps d'aplicació de les diferents tipologies de molles helicoïdals:

-    La comparació entre la molla de compressió i la molla de tracció
-    La comparació entre la molla cilíndrica i la molla cònica
-    La comparació entre el fil de secció rodona i el de secció rectangular

## A)    Molla de compressió i molla de tracció

Tot i que el fet de sol·licitar la molla a compressió o a tracció, en una primera anàlisi, pot semblar relativament irrellevant, la realitat és que determina alguns aspectes fonamentals del disseny, del càlcul, i de l'aplicació de les molles, per la qual cosa convé aturar-s'hi un moment.

Els principals punts de relleu que diferencien el comportament d'una molla helicoïdal de compressió de la d'una de tracció són els següents:

*A*1.    La molla de compressió rep la força per contacte amb els seus extrems, mentre que la molla de tracció necessita un ganxo o un altre dispositiu per a transmetre-la (Fig. 3.4). Aquest acostuma a ser el punt més crític de les molles de tracció, especialment de les sotmeses a fatiga.

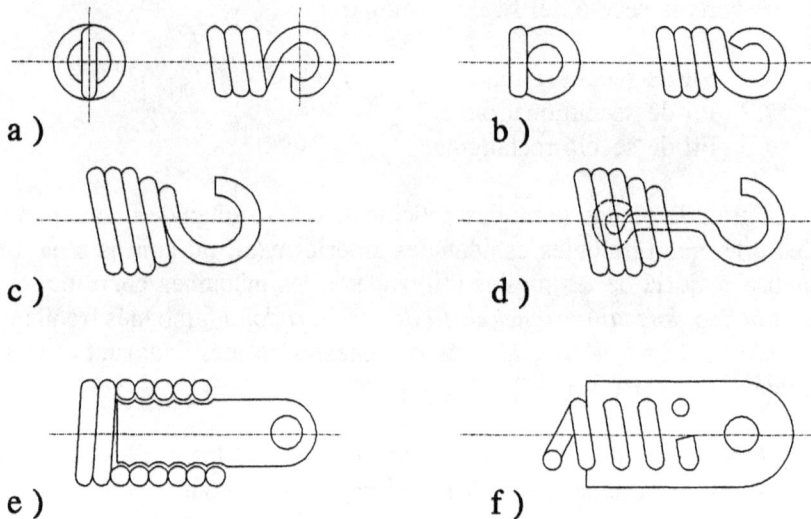

a )

b )

c )

d )

e )

f )

a)  Ganxo d'anella girada      b)  Ganxo d'anella lateral
c)  Estrenyiment i ganxo      d)  Estrenyiment i ganxo postís
e)  Extrem roscat a la molla  e)  Extrem enfilat a la molla

Figura 3.4

*A*2.  Les espires d'una molla de compressió, a causa d'un disseny deficient, d'una sobrecàrrega o del relaxament del material, es poden apilar (colpejament i pèrdua de la característica elàstica); aquest fet no es dóna a les molles de tracció.

*A*3.  Les molles de tracció poden ser fabricades amb les espires apilades amb una compressió inicial entre elles a causa d'una pretensió del material; la molla no es comença a desplegar, doncs, fins després d'haver superat un valor llindar de la força (Fig. 3.16). Això no és possible a les molles de tracció.

*A*4.  En general, la ruptura d'una molla de compressió no revesteix la mateixa gravetat que la d'alguns muntatges amb molles de tracció en què la molla constitueix l'únic element d'enllaç entre determinats elements de les màquines.

          CARLES RIBA i ROMEVA, *Disseny i càlcul de molles* (Tem-UPC, 1992)

*A*5.  Les molles de compressió d'un gran nombre d'espires i de poc dià-
metre poden presentar el fenomen del vinclament, fet que pot donar
lloc a un frec amb els elements de guia i a un desgast molt perjudi-
cial. Les molles de tracció no presenten aquest problema.

## B)  Molla cilíndrica i molla cònica

Les molles còniques, o d'altres formes no cilíndriques (parabòliques, de
barrilet, etc.) són utilitzades, bàsicament, per complir tres funcions:

*B*1.  Aconseguir una característica elàstica progressiva, amb valors de la
rigidesa creixents. Aquest efecte és causat pel fet que les espires de
més diàmetre es deformen en una proporció més gran i, en anar-se
apilant, va decreixent progressivament el nombre d'espires actives.
(Aquest efecte també es pot aconseguir d'altres maneres, com ara
amb el pas variable en una molla helicoïdal cilíndrica.)

*B*2.  Aconseguir molles que tinguin una longitud molt baixa de bloc (espi-
res apilades o plegades), que pot arribar al valor mínim del diàmetre
del fil quan la molla (generalment cònica) s'ha dissenyat per tal que
cada espira es pugui allotjar a l'interior de la següent (Fig. 3.5).

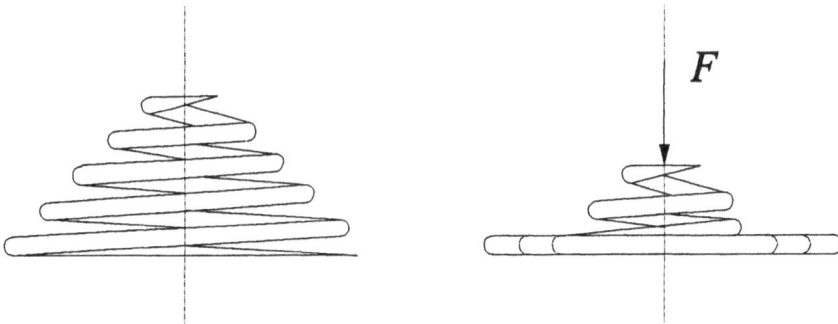

Figura 3.5

*B*3.  Augmentar l'estabilitat lateral, tot evitant el vinclament (vegeu aquest
fenomen a la Sec. 3.4) en funció del diàmetre més gran de les
espires d'un extrem o de la part central de la molla.

A l'estudi de les molles no cilíndriques cal prendre com a tensió de càlcul la que correspon a l'espira de més diàmetre. La rigidesa pot ser avaluada com la rigidesa d'un seguit d'espires de diàmetres diferents col·locades en sèrie; per a una molla helicoïdal cònica, la rigidesa es pot calcular a partir del diàmetre de l'espira mitjana.

## C)   Fil de secció rodona i fil de secció rectangular

Els fils de secció rectangulars poden tenir les motivacions següents:

*C1.*   A les molles sol·licitades a càrregues grans per a les quals es disposa de poc espai, és favorable la utilització de fil de secció rectangular per augmentar el volum del material utilitzat, tot mantenint la longitud de bloc (amb les espires apilades) de la molla.

La solució constructiva més adequada per aconseguir aquest efecte consisteix a disposar el costat curt de la secció rectangular, $h$, segons la direcció de l'eix de la molla; i el costat llarg, $b$, perpendicular.

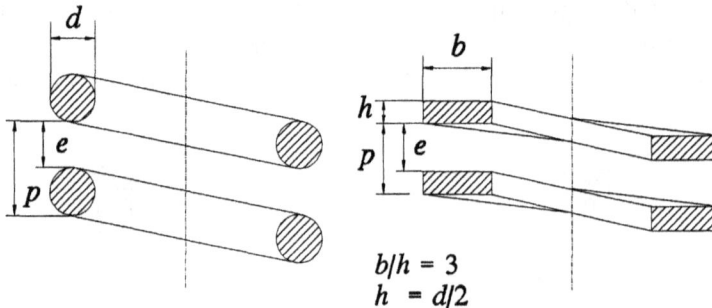

$$b/h = 3$$
$$h = d/2$$

Figura 3.6

El càlcul complet de molles helicoïdals de fil de secció rectangular no s'aborda en aquest text. Tanmateix, la fórmula següent proporciona una recomanació sobre l'establiment de perfils equivalents entre la secció rodona de diàmetre, $d$, i la secció rectangular, $h$ x $b$:

$$h \propto \frac{2d}{1 + (b/h)} \tag{8}$$

La figura 3.6 representa dues molles equivalents, una amb fil de secció rodona i l'altre amb fil de secció rectangular, de $b/h = 3$.

C2. Altres fils de secció rectangular amb les proporcions invertides (alçada més gran que amplada) es poden utilitzar en molles lleugerament còniques o paràboliques, on les successives espires del fil entren unes dintre de les altres.

## 3.3 Càlcul de molles helicoïdals

### Bases del càlcul

La forma de treball d'una molla helicoïdal és anàloga al d'una barra de torsió que s'hagi enrotllat en forma d'hèlice; per tant, el material treballa a torsió en cada una de les seves seccions.

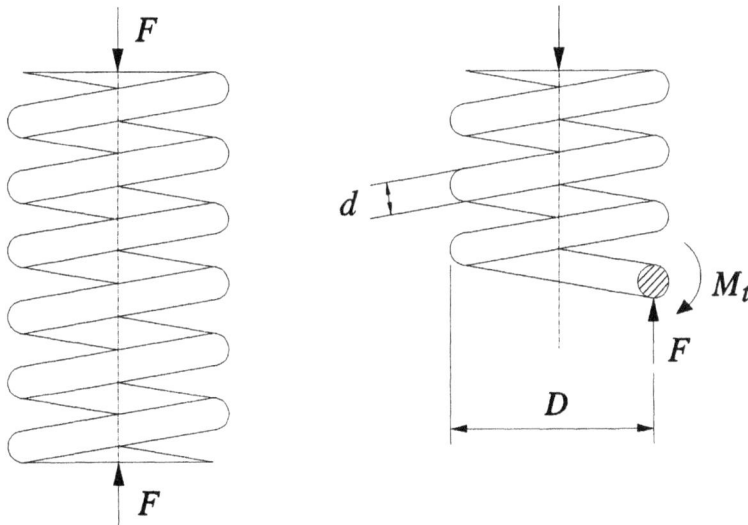

Figura 3.7

Si l'hèlice és cilíndrica, totes les seccions estaran sotmeses a les mateixes sol·licitacions.

Per analitzar l'estat de tensions en una secció qualsevol d'una molla helicoïdal cilíndrica de fil de secció quadrada, es parteix de considerar l'equilibri d'una meitat de la molla tallada per la secció d'estudi (Fig. 3.7), on es comprova que la secció del fil està sotmesa simultàniament a un moment torçor, $M_t$, i a una força de cisallament, $F$.

Les màximes tensions en el fil de la molla es troben a la seva fibra interior (punt A), sobre un pla perpendicular a l'eix. La figura 3.8 mostra separadament les distribucions de tensions degudes a la torsió (Fig. 3.8a), a les forces de cisallament (Fig. 3.8b) i a la seva superposició (Fig. 3.8c). Les tensions extremes són les següents:

$$\tau = \pm \frac{M_t}{I_t} + \frac{F}{A} \tag{9}$$

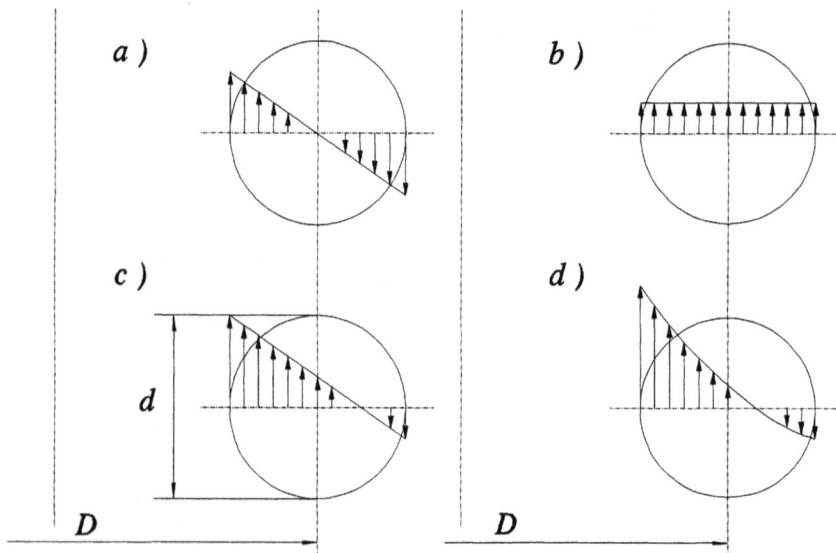

Figura 3.8

Els principals paràmetres geomètrics d'una molla helicoïdal cilíndrica són el diàmetre del filet, $d$, el diàmetre mitjà de l'espira, $D$, i el seu quocient, $C = D/d$, que pren el nom de *relació d'enrotllament* (Fig. 3.7).

A partir d'aquests diàmetres es poden calcular les magnituds següents, que apareixen a l'equació 9: el moment torçor ($M_t = F \cdot D/2$), el moment resistent de torsió de la secció ($W_t = \pi \cdot d^3/16$), l'àrea de la secció ($A = \pi \cdot d^2/4$). Substituint aquestes expressions a l'equació 9 i definint un nou factor, $q' = 1-2/C$, aquesta equació es converteix en

$$\tau = q' \frac{8 F \cdot D}{\pi \cdot d^3} \qquad (10)$$

Tanmateix, les molles helicoïdals presenten una distribució de tensions lleugerament més desfavorable en el punt A de tensió màxima (Fig. 3.8$d$), efecte de concentració de tensions causat per la curvatura de l'espira; finalment, doncs, s'adopta un nou *factor de correcció de la tensió*, $q$, funció de la relació d'enrotllament, $C$, que ja té en compte tots els efectes anteriorment esmentats (Fig. 3.9).

El factor de correcció de la tensió, $q$, sols s'aplica a molles helicoïdals sotmeses a càrregues dinàmiques, ja que en cas de càrrega estàtica el material experimenta petites deformacions plàstiques que eliminen les concentracions de tensions.

L'avaluació de l'energia potencial elàstica, $E_{pe}$, es pot obtenir seguint dos camins diferents: a partir de la fórmula general per als elements sotmesos a torsió, i a partir del treball realitzat per una molla lineal. Aquesta doble igualtat estableix la base per al càlcul de la deformació, $\delta$:

$$E_{pe} = \frac{M_t \cdot L}{2 I_t} = \frac{F \cdot \delta}{2} \qquad (11)$$

Aplicant els valors del moment torçor ($M_t = F \cdot D/2$), el moment d'inèrcia de torsió de la secció ($I_t = \pi \cdot d^4/32$) i de la longitud activa del fil de la molla ($L = \pi \cdot D \cdot N$), s'arriba, finalment, a la següents expressió per al valor de la deformació:

$$\delta = \frac{8 F \cdot D^3 \cdot L}{d^4 \cdot G} \qquad (12)$$

Les expressions de les equacions 10 i 12 proporcionen les fórmules bàsiques per al càlcul de les molles helicoïdals.

### Fórmules per al càlcul

Els paràmetres que intervenen en el càlcul d'una molla helicoïdal cilíndrica de fil de secció rodona són:

| | | | |
|---|---|---|---|
| $F$ | = | Força sobre la molla | (N) |
| $\delta$ | = | Deformació | (mm) |
| $K$ | = | Rigidesa | (N/mm) |
| $E_{pe}$ | = | Energia potencial elàstica | (Nmm) |
| $W_t$ | = | Moment resistent a torsió | (mm$^3$) |
| $I_t$ | = | Moment d'inèrcia a torsió | (mm$^4$) |
| $d$ | = | Diàmetre de fil | (mm) |
| $D$ | = | Diàmetre mitjà de l'espira | (mm) |
| $\tau$ | = | Tensió de cisallament | (MPa) |
| $G$ | = | Mòdul de rigidesa | (MPa) |
| $q$ | = | Factor de correcció de la tensió | (-) |
| $C$ | = | Relació d'enrotllament | (-) |

Les fórmules per a aquest càlcul s'expressen de la forma següent:

$$F \;=\; \frac{2\,W_t}{q\cdot D}\,(\tau) \;=\; \frac{\pi\cdot d^3}{8\,q\cdot D}\,(\tau) \tag{13}$$

$$\delta \;=\; \frac{W_t\cdot D\cdot L}{2\,q\cdot I_t} \;=\; \frac{\pi\,D^2\cdot N}{q\cdot d}\,\left(\frac{\tau}{G}\right) \tag{14}$$

$$K \;=\; \frac{F}{\delta} \;=\; \frac{d^4}{8\,D^3\cdot N}\,(G) \tag{15}$$

$$E_{pe} \;=\; \frac{F\cdot\delta}{2} \;=\; \frac{1}{2\cdot q^2}\,\left(\frac{\pi\,d^2}{4}\cdot\pi\,D\,N\right)\left(\frac{\tau^2}{2\cdot G}\right) \tag{16}$$

A partir de la darrera d'aquestes expressions matemàtiques és fàcil deduir que el valor del factor d'aprofitament per a les molles helicoïdals cilíndriques de fil de secció rodona és $\eta_A = 0,5$.

Per al càlcul d'una molla helicoïdal de secció rectangular, es poden adoptar les expressions $W_t = \eta_1\cdot h\cdot b^2$ i $I_t = \eta_2\cdot h\cdot b^3$, ja mostrades per a les barres de torsió, amb els mateixos coeficients funció de $b/h$ o $h/b$ (Sec. 3.1).

El factor de correcció de la tensió, $q$, donat per la figura 3.9, tan sols és vàlid per a fils de secció rodona. Per als fils de secció rectangular adopta valors més alts, que són funció tant de la relació d'enrotllament de la molla, $C = D/h$, com de la relació $b/h$, essent diferent el seu valor segons si l'amplada és més gran que l'alçada o viceversa.

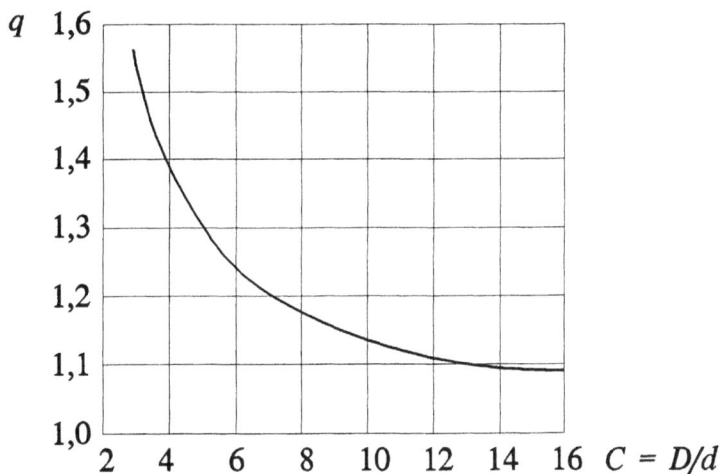

Factor de correcció de la tensió per a fil de secció rodona

Figura 3.9

## 3.4 Molles helicoïdals de compressió

Les molles helicoïdals cilíndriques de compressió mostren el comportament representat a la figura 3.10. Abans de ser sotmesa a sol·licitació, la molla té una longitud inicial, $L_o$; en ser carregada, la seva longitud disminueix en el valor de la deformació, $\delta$, atès que les espires es comprimeixen, i la disminució és proporcional a la força. La molla acostuma a treballar entre un valor inferior i un valor superior, als quals corresponen els paràmetres de deformació, força i tensió ($\delta_i$, $F_i$, $\tau_i$, i $\delta_s$, $F_s$, $\tau_s$).

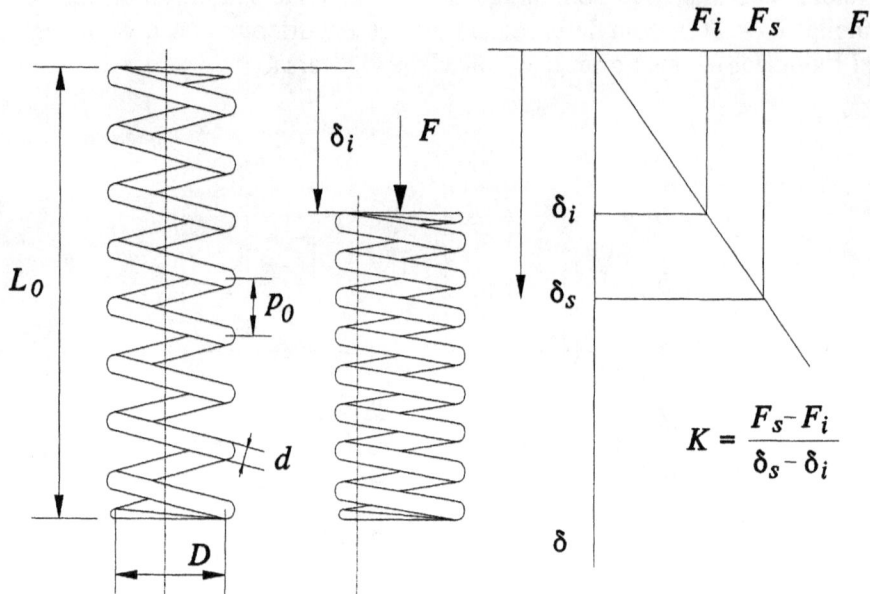

$$K = \frac{F_s - F_i}{\delta_s - \delta_i}$$

Figura 3.10

## Tensions admissibles

Per al càlcul d'una molla sol·licitada a càrregues estàtiques, o quasi estàtiques, cal avaluar prèviament el valor màxim de la tensió, $\tau_{max}$, a què estarà sotmès el material de la molla a partir de l'equació 13, amb l'aplicació del factor de correcció de la tensió, $q = 1$.

Per al càlcul d'una molla sol·licitada a càrregues dinàmiques cal avaluar prèviament els valors inferior, $\tau_i$, i superior, $\tau_s$, de les tensions de treball a què estarà sotmès el material de la molla, igualment a partir de l'equació 13, amb l'aplicació del valor corresponent del factor de correcció de la tensió, $q$.

A partir d'aquests valors es realitzen les comprovacions següents en els diagrames de Goodman de les figures 3.11, 3.12, 3.13 i 3.14:

a)   Que la tensió màxima de treball, $\tau_{max}$, sigui inferior a l'admissible; això és, que entrant aquest valor a les abscisses dels esmentats diagrames, aquesta màxima tensió de treball no sobrepassi les màximes tensions establertes per al material.

b)   Que les tensions inferior, $\tau_i$, i superior, $\tau_s$, corresponents a les càrregues dinàmiques es trobin dintre dels marges admissibles del corresponent diagrama de Goodman del material; això és, que entrant el valor de la tensió inferior, $\tau_i$, a les abscisses, l'ordenada de la tensió superior, $\tau_s$, es trobi dintre del camp admissible per al material.

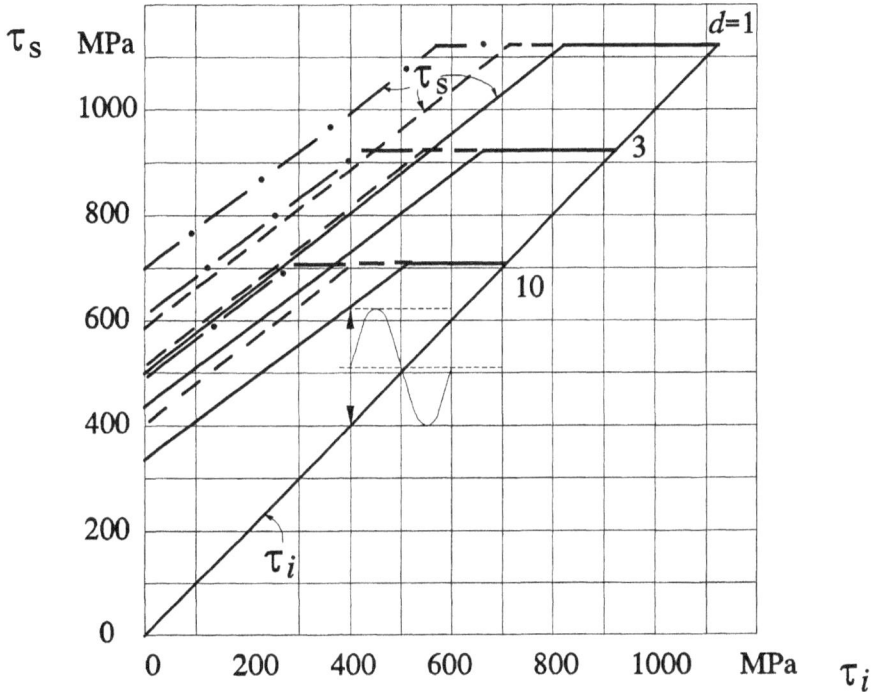

Fil d'acer patentat-estirat per a la conformació en fred (classes C i D, DIN 17223-1); línia contínua: $10^7$ cicles, sense granallar; línia discontínua: $10^7$ cicles, granallat; línia de ratlla-punt: $10^6$ cicles, granallat.

Figura 3.11

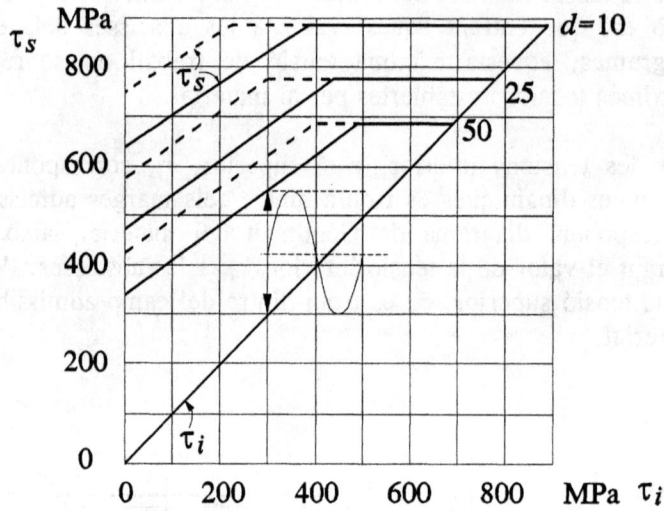

Fil d'acer de molles per conformar en calent (DIN 17221);
línia contínua: $2 \cdot 10^6$ cicles; línia discontínua: $10^5$ cicles

Figura 3.12

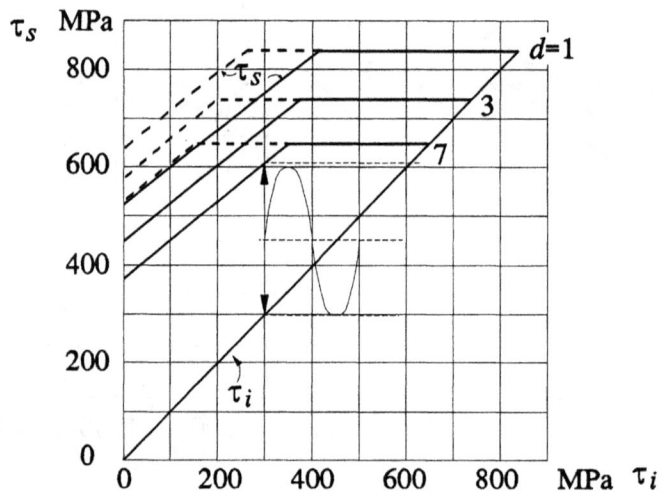

Fil d'acer per a molles de vàlvules bonificat (DIN 17223-2), $10^7$ cicles;
línia contínua: no granallat; línia discontínua: granallat.

Figura 3.13

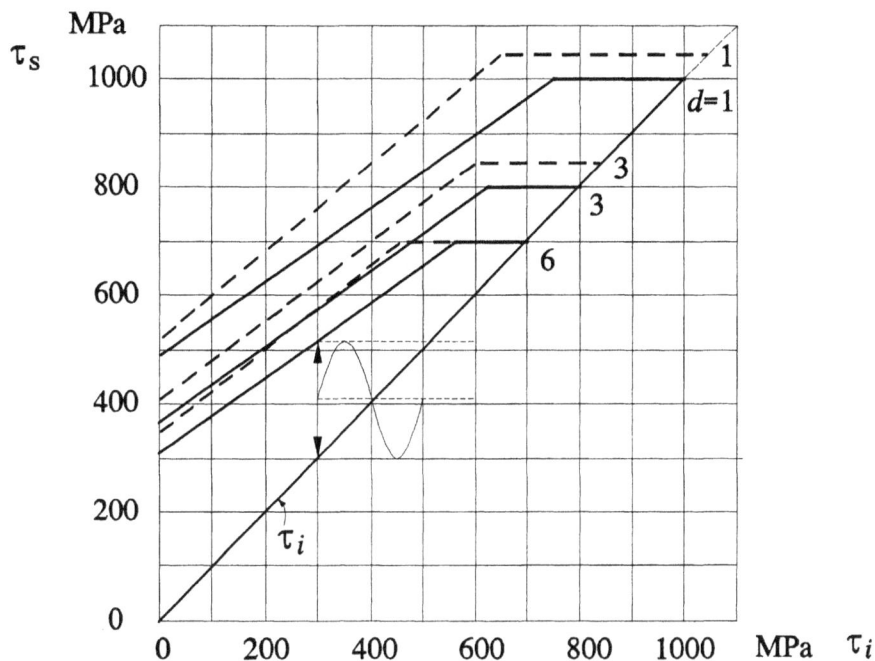

Fil d'acer inoxidable per a molles (DIN 17224);
línia contínua: X12 CrNi 17-7; línia discontínua: X7CrNiAl 17-7.
Figura 3.14

## Longitud de la molla i vinclament

Un cop determinats els paràmetres que intervenen en el càlcul d'una molla helicoïdal cilíndrica de fil de secció rodona ($D$, $d$ i $N$), cal establir la longitud inicial de la molla, $L_o$, que en definitiva ve relacionada amb el pas entre espires, $p$.

El valor de la longitud inicial de la molla ha d'incloure necessàriament la longitud de bloc, $L_{bloc} = N_T \cdot d$ (quan totes les espires es toquen), més el valor de la màxima deformació, $\delta_{max}$, a més del possible marge que el dissenyador vulgui prendre per evitar el repicament de la molla causat per petites sobrecàrregues ocasionals.

Així, doncs, l'expressió de la longitud inicial de la molla és

$$L_o \geq N_T \cdot d + \delta_{max} \tag{17}$$

Cal tenir en compte que el nombre d'espires totals, $N_T$, és igual al nombre d'espires actives, $N$, més les espires finals per a la formació del pla de la molla (generalment una per extrem), amb la qual cosa la longitud real de la molla sempre és una mica superior a la teòrica.

No és convenient la construcció de molles massa esveltes (d'un gran nombre d'espires i d'un diàmetre reduït), ja que aleshores es produeix amb facilitat el fenomen del vinclament.

La figura 3.15 proporciona una delimitació de les condicions segons les quals es pot produir vinclament. Cal prendre un cert marge de seguretat. L'esveltesa de la molla ve afectada d'un coeficient, $\nu$, que té en compte el tipus de suport dels extrems (Fig. 3.15).

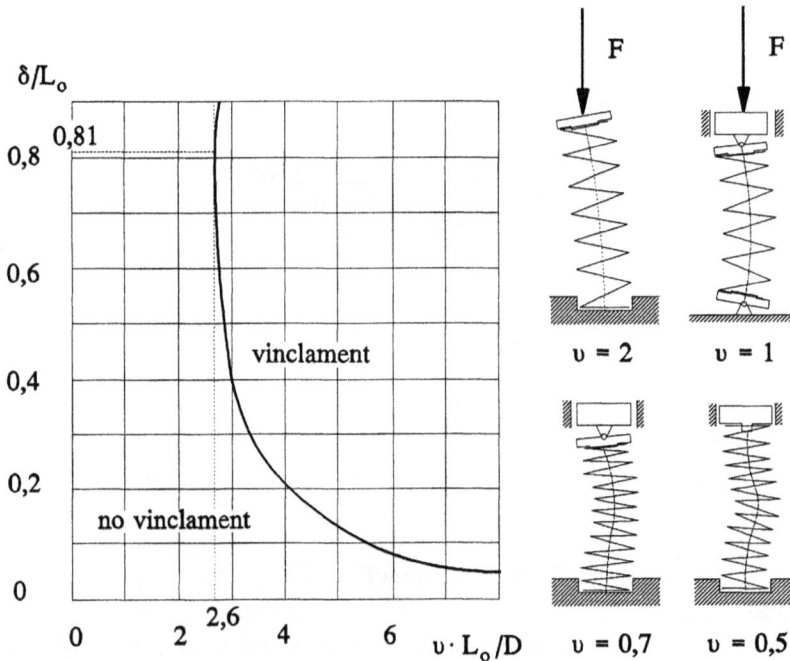

Figura 3.15

**Oscil·lació elàstica de la molla**

Atès que la molla és un element elàstic que té una certa massa pròpia, en ser sotmesa a una pertorbació en un extrem, s'origina una ona de compressió que realitza una oscil·lació entre un extrem i l'altre de la molla, que presenta diverses freqüències pròpies.

La freqüència pròpia d'oscil·lació més baixa, $f_{osc1}$, d'una molla helicoïdal de compressió amb els extrems fixos, és funció dels paràmetres ja coneguts (amb les unitats utilitzades) i de la densitat del material, $\varrho$ (kg/m³), essent la massa de la molla: $m_m = 10^{-9} \cdot \pi^2 \cdot d^2 \cdot D \cdot N \cdot \varrho /4$ (kg). La seva expressió és:

$$f_{osc1} = \frac{31,6}{2} \sqrt{\frac{K}{m_m}} = \frac{112.540 \cdot d}{N \cdot D^2} \sqrt{\frac{G}{\varrho}} \qquad (s^{-1}) \qquad (18)$$

Quan es dissenya una molla sotmesa a sol·licitacions d'alta freqüència, cal tenir la precaució que la freqüència pròpia n'estigui suficientment allunyada, ja que en cas contrari es produeixen violentes pertorbacions no admissibles per a un bon funcionament.

La primera freqüència pròpia ha de ser entre 15 i 20 vegades superior que la de la força que excita la molla, ja que es poden donar ressonàncies també amb els harmònics. Una molla de pas variable pot atenuar el fenomen.

# 3.5 Molles helicoïdals de tracció

Les molles helicoïdals cilíndriques de tracció mostren el comportament representat a la figura 3.16. Abans de ser sotmesa a sol·licitació, la molla té una longitud de bloc, $L_o$, i les espires acostumen a estar precomprimides.

Quan s'inicia la càrrega, les espires es van descomprimint, sense que això comporti cap deformació de la molla respecte al seu estat inicial; en arribar la força al valor de la precàrrega, $F_o$, les espires de la molla es comencen a desplegar i s'inicia la deformació, δ.

De fet, la molla tindria un comportament lineal anàleg al de les molles helicoïdals de compressió si es considerés l'inici de la característica elàstica en un punt de desplaçament negatiu de valor $\delta_o$ (Fig. 3.16); la constant de rigidesa, $K$, es pot avaluar pel quocient entre les diferències de forces i les diferències de deformacions.

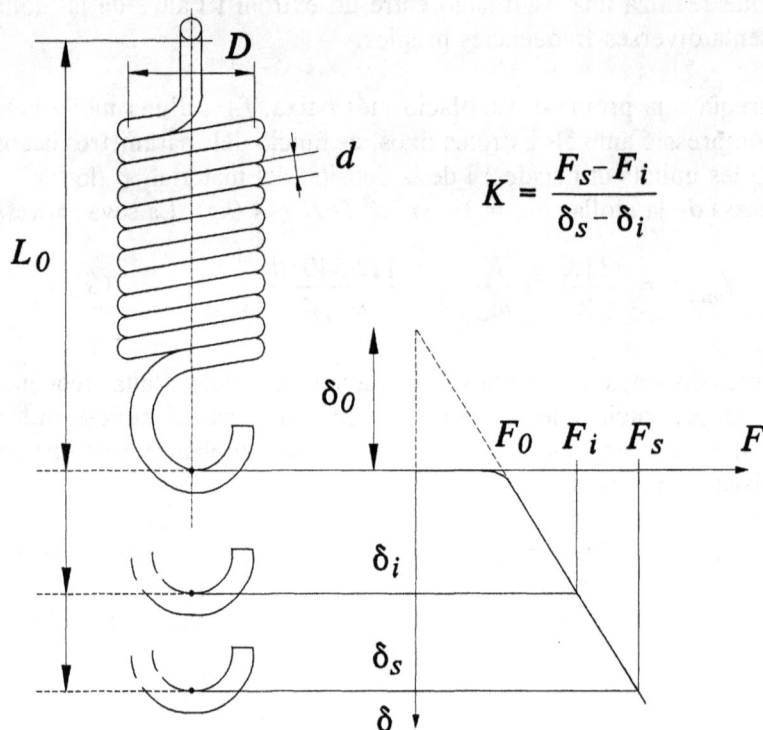

$$K = \frac{F_s - F_i}{\delta_s - \delta_i}$$

Figura 3.16

La molla helicoïdal de compressió pot treballar, en part, dintre la zona de no deformació i, en part, en la zona de deformació, cosa que li proporciona determinades aplicacions específiques; tanmateix, no sembla correcte aplicar esforços dinàmics en aquesta zona de treball, a cavall de l'apilament de les espires.

La molla de compressió també pot treballar sota esforços dinàmics entre uns desplaçaments, i unes forces, inferiors i superiors ($\delta_i$, $F_i$; $\delta_s$, $F_s$) en la seva zona de comportament lineal; tanmateix, s'ha de tenir present que en la transició entre la molla i el ganxo és on es donen les màximes tensions i, per tant, les ruptures.

Per tant, cal tenir la màxima cura en el disseny dels extrems, com, per exemple, donant els màxims radis possibles o disminuint el diàmetre de les espires finals per disminuir les tensions.

La longitud inicial d'una molla helicoïdal de compressió inclou necessàriament la longitud de bloc, $L_{bloc} = N_T \cdot d$ (quan totes les espires es toquen), més la longitud dels ganxos. En principi es pot estendre sense limitació, cosa que pot constituir un perill davant les sobrecàrregues.

### Força de precompressió

La màxima força de precompressió, $F_o$, d'una molla helicoïdal de tracció ve limitada per la màxima pretensió admissible del material, $\tau_{o.adm}$, i la geometria de l'enrotllament (Fig. 3.17). També és influïda pel procés de conformació i el tractament tèrmic posterior (aquest darrer s'acostuma a utilitzar per ajustar el valor final de la precompressió).

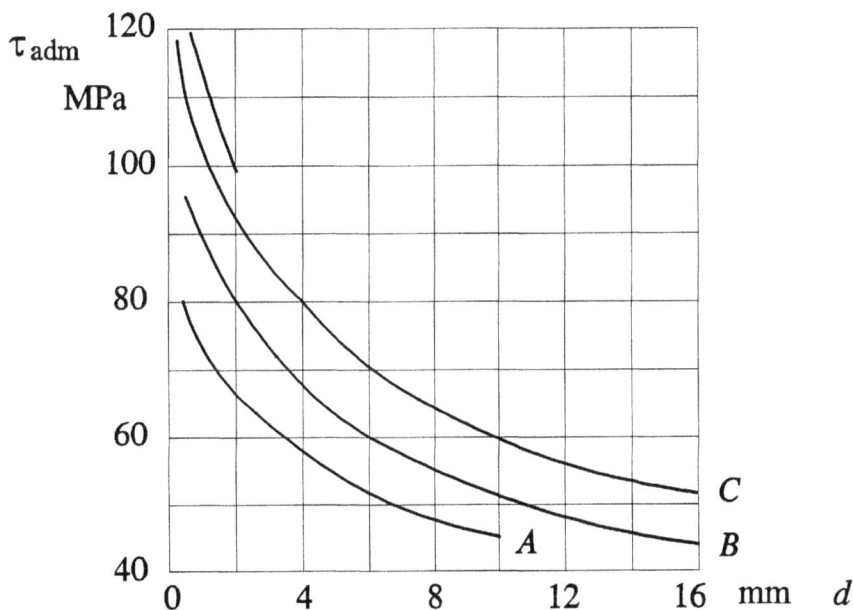

Tensió de compressió admissible per a acer patentat-estirat
(classes A, B, C i II, DIN 17223-1)
Figura 17

Per avaluar aquesta força de precompressió, $F_o$, es parteix de considerar la característica elàstica teòrica mostrada a la figura 3.16, a partir de la qual es pot establir, en funció de l'equació 13,

$$F_o = \frac{\pi \cdot d^3}{8\,D}\,(\tau_o)$$    (19)

El valor de la tensió de precompressió, $\tau_o$, queda limitat pels valors admissibles, $\tau_{o.adm}$, donats per la gràfica de la figura 3.17.

# 4 Molles de goma

## 4.1 Característiques generals

### Descripció

Les molles de goma, realitzades amb diferents tipus d'elastòmers naturals o sintètics, combinen una gran capacitat de defor-mació elàstica en totes les direccions amb un gran amortiment intern.

Aquestes característiques, juntament amb d'altres, com puden ser la seva fàcil conformació, o la seva capacitat d'amortiment sonor, són la base de les seves aplicacions, entre les quals hi ha:

- Suspensions de màquines, vehicles i altres aparells per disminuir les vibracions i el soroll, així com diversos tipus d'elements per a l'absorció d'impactes.

- Acoblaments de compensació de desalineacions frontals, laterals i angulars, i per a l'amortiment de vibracions torsionals entre arbres de transmissió.

- Articulacions per a petites desviacions lineals o angulars, que no demanen manteniment ni presenten desgast.

Generalment aquestes molles estan constituïdes per blocs de goma de diferents formes adherits fortament a elements metàl·lics, normalment sobre acer, però també sobre llautó o aliatges lleugers, per mitjà d'un procés de vulcanització amb premsatge, a una temperatura d'uns 150 °C.

La unió goma-metall resultant, tan o més resistent que la mateixa goma, pot suportar esforços de tracció, compressió i cisallament, tot i que són recomanables, preferentment, els dos darrers.

Les importants deformacions que presenten les molles de goma s'obtenen bàsicament gràcies a la baixa rigidesa del material, contràriament a les molles metàl·liques en què cal obtenir les deformacions gràcies a la forma.

### Característiques elàstiques

La goma presenta característiques elàstiques diferents per a cada una de les sol·licitacions de tracció, compressió i cisallament. Si s'elegeix un bloc paral·lelepipèdic unit a dues plaques metàl·liques paral·leles, el comportament elàstic de la goma a les diferents sol·licitacions és el que es mostra a la figura 4.1 (goma semidura $G = 0,8$ MPa).

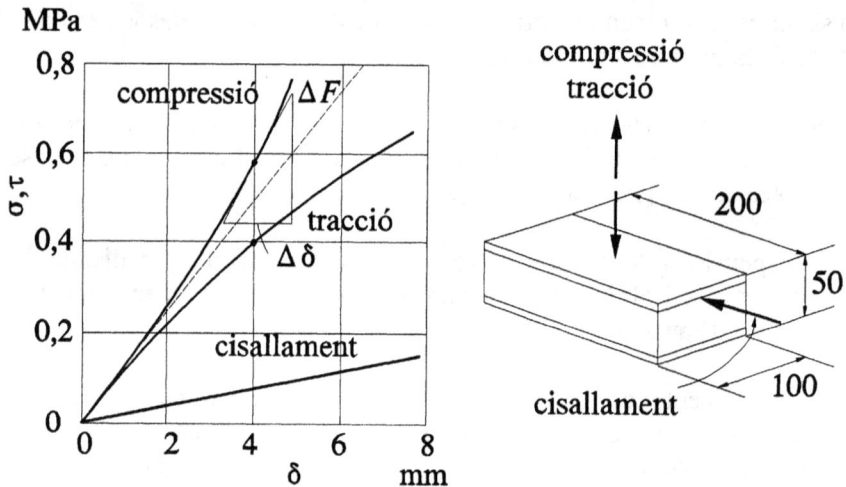

Figura 4.1

Quan un bloc de goma treballa a compressió es comporta com una molla de característica elàstica regressiva, mentre que quan treballa a compressió la característica elàstica esdevé progressiva, fenòmens influïts per l'augment o la disminució de la secció transversal (Fig. 4.2a). La característica elàstica de cisallament, més lineal, té una rigidesa molt inferior a les anteriors.

Ja que les característiques elàstiques de compressió i de tracció de les molles de goma no és lineal, el mòdul d'elasticitat, $E$, s'ha d'avaluar a partir de la derivada (o la tangent) de la característica elàstica (Fig. 4.1).

Aquest aspecte, molt important a les sol·licitacions de compressió i tracció, i molt menys a les de cisallament, és especialment rellevant a l'avaluació de freqüències pròpies de vibració en suports de goma per a màquines.

## Deformació volumètrica

Les gomes presenten la particularitat de tenir un valor del coeficient de Poisson de $\nu = 0,5$ (o valors molt pròxims). Aquest fet presenta dues conseqüències importants:

*Deformació de cisallament.* El mòdul de rigidesa, $G$, esdevé comparativament molt petit, la qual cosa dóna lloc a una característica elàstica, a esforços tallants, molt baixa:

$$G = \frac{E}{2(1+\nu)} = \frac{E}{3} \tag{1}$$

*Deformació volumètrica.* El mòdul d'elasticitat volumètric, $E_V$, s'expressa com la relació entre una tensió de compressió (o tracció) exercida uniformement sobre totes les cares del cos ($\sigma_P = \sigma_1 = \sigma_2 = \sigma_3$) i la disminució (o increment) percentual del seu volum. Aplicant el valor del coeficient de Poission de les gomes, $\nu = 0,5$, s'obté

$$E_V = \frac{\sigma_P}{\varepsilon_V} = \frac{\sigma_P}{dV/V} = \frac{E}{3(1-2\nu)} \rightarrow \infty \tag{2}$$

El mòdul d'elasticitat volumètric de la goma tendeix, doncs, a infinit, de la qual cosa en resulta el fet que la goma és pràcticament incompressible. Per tant, els elements de goma només són elàstics quan se'ls permet la dilatació transversal, mentre que esdevenen molt rígids quan se'ls comprimeix sobre una forma empresonada (Fig. 4.2b).

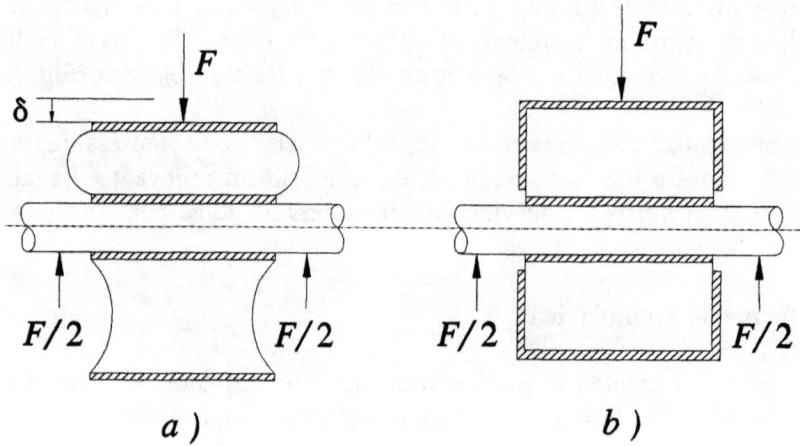

Figura 4.2

## Histèresi

Les molles de goma presenten un cicle d'histèresi pronunciat (Fig. 4.3), causat per les friccions internes i, eventualment, externes, la qual cosa es tradueix en un important efecte amortidor.

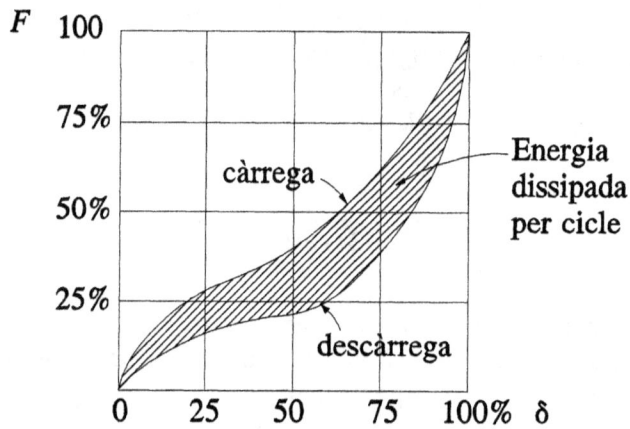

Figura 4.3

En el gràfic de la característica elàstica, la línia representativa de la càrrega és sensiblement superior a la de la descàrrega. L'àrea encerclada per aquestes dues línies correspon a l'energia dissipada per histèresi a cada cicle i pot arribar a un 35 % del treball de deformació elàstica (Fig. 4.3).

## 4.2 Càlcul de molles de goma simples

Les molles de goma poden tenir formes més o menys complexes en funció de l'aplicació i de determinades consideracions que influeixen en les tensions màximes.

Tanmateix, hi ha cinc formes bàsiques de molles de goma per a les quals existeixen unes fórmules simples de càlcul. En totes s'indica la deformació màxima per a la validesa de les fórmules i les limitacions per a les tensions.

### Molles de platines de cisallament

Estan constituïdes per dues platines paral·leles unides per mitjà d'un paral·lelepípede $(L \cdot b)$ de goma que fa de molla, el qual treballa a cisallament. La inclinació en sentit contrari del material respecte a la força és motivada pel fet que, amb l'augment de la deformació, va apareixent una compressió; en cas de no existir aquesta inclinació, amb la deformació aniria apareixent una tracció, sol·licitació menys favorable.

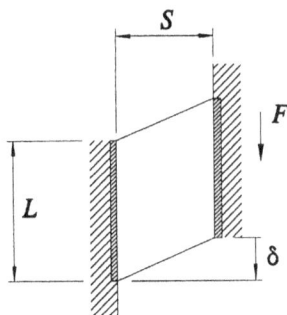

$$F \approx L \cdot b \, (\tau)$$

$$\delta \approx s \left(\frac{\tau}{G}\right)$$

$$K \approx \frac{F}{\delta} \approx \frac{L \cdot b}{s} \, (G)$$

$$\tau \leq \tau_{adm}$$

$$\delta \leq 0,35 \, s$$

Figura 4.4

## Molles de maniguets de cisallament

Estan constituïdes per dos maniguets concèntrics units per mitjà d'un cilindre anular que fa de molla, el qual treballa a cisallament. Es pot establir una consideració anàloga a la del cas anterior sobre la inclinació del material en sentit contrari al de la molla.

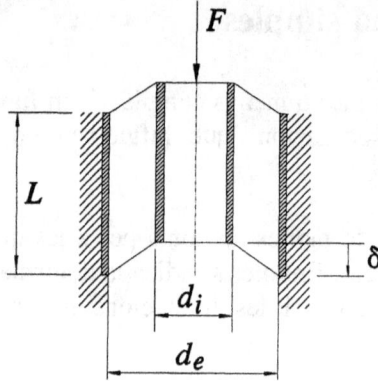

$$F \approx \pi \cdot d_i \cdot L \; (\tau_i)$$

$$\delta \approx \frac{d_i}{2} \ln(\frac{d_e}{d_i}) \, (\frac{\tau_i}{G})$$

$$K \approx \frac{F}{\delta} \approx \frac{2\pi \cdot L}{\ln(\frac{d_e}{d_i})} \; (G)$$

$$\tau_i \leq \tau_{adm}$$

$$\delta \leq 0{,}35 \, \frac{(d_e - d_i)}{2}$$

Figura 4.5

## Molles de maniguets de torsió per gir

Estan constituïdes per dos maniguets concèntrics units per mitjà d'un cilindre anular que fa de molla, el qual treballa a cisallament. L'efecte global és d'una torsió d'un maniguet respecte a l'altre. Les tensions més crítiques corresponen en el maniguet interior. Els angles són en radians.

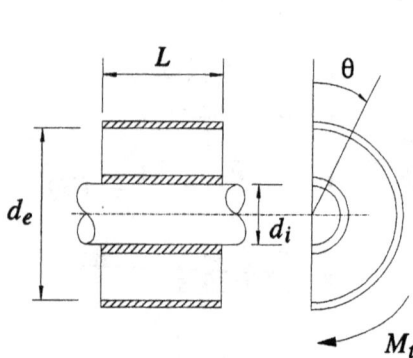

$$M_t = \frac{\pi \cdot L \cdot d_i^2}{2} \; (\tau_i)$$

$$\theta \approx (1 - \frac{d_e^2}{d_i^2}) \, (\frac{\tau_i}{G})$$

$$K_\theta \approx \frac{\pi \cdot L}{(1/d_i^2) - (1/d_e^2)} \; (G)$$

$$\tau_i \leq \tau_{adm}$$

$$\delta \leq 0{,}35 \cdot (1 - \frac{d_i^2}{d_e^2})$$

Figura 4.6

## Molles de discs de torsió

Estan constituïdes per dos discs metàl·lics anulars units per mitjà d'un cilindre de goma també anular que fa de molla, el material del qual treballa a cisallament. L'efecte global és de torsió d'un disc respecte a l'altre. La tensió més crítica correspon al radi exterior. Els angles són en radiants.

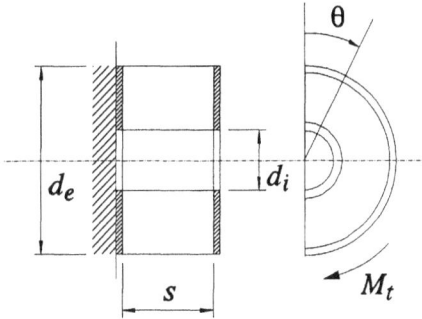

$$M_t \approx \frac{\pi}{16} \frac{(d_e^4 - d_i^4)}{d_e} (\tau_e)$$

$$\theta \approx \frac{2 \cdot s}{d_e} (\frac{\tau_e}{G})$$

$$K_\theta \approx \frac{\pi}{32} \frac{(d_e^4 - d_i^4)}{s} (G)$$

$$\tau_e \leq \tau_{adm}$$

$$\delta \leq 0{,}35 \frac{2 \cdot s}{d_e}$$

Figura 4.7

## Molles de discs de compressió

Estan constituïdes per dos discs metàl·lics units per mitjà d'un cilindre de goma que fa de molla, el material del qual treballa a compressió. Aquest mateix és l'efecte global de la molla. Cal determinar el valor del mòdul d'elasticitat per mitjà de la gràfica de la figura 4.9$b$, en funció d'un factor de forma $k_f = d/4s$.

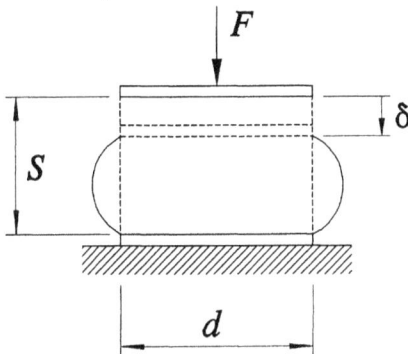

$$F \approx \frac{\pi \cdot d^2}{4} (\sigma)$$

$$\delta \approx s (\frac{\sigma}{E})$$

$$K \approx \frac{F}{\delta} \approx \frac{\pi d^2}{4 s} (E)$$

$$\sigma \leq \sigma_{adm}$$

$$\delta \leq 0{,}2 s$$

Figura 4.8

## 4.3  Recomanacions per al disseny i càlcul

En el càlcul amb les fórmules proporcionades a l'apartat anterior són necessaris dos tipus de paràmetres: *a*) d'una banda, el mòdul d'elasticitat, *E*, i el mòdul de rigidesa, *G*; *b*) d'altra banda, els valors màxims admissibles per a les tensions de tracció/compressió, $\sigma_{adm}$, i per a les tensions de cisallament, $\tau_{adm}$.

### *a) Mòdul d'elasticitat i mòdul de rigidesa*

Els valors d'aquests mòduls són funció de la duresa Shore del material i la correspondència és donada a la figura 4.9; el mòdul d'elasticitat, *E*, és també funció de la forma geomètrica de la molla, relació que s'estableix per mitjà del factor de forma, $k_f$.

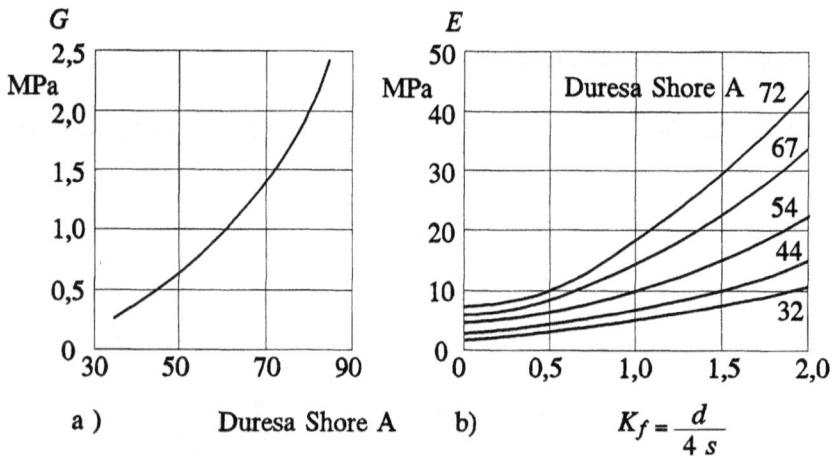

Figura 4.9

Els valors de la rigidesa proporcionats per les equacions dels casos simples analitzats a la secció 4.2 poden ser considerades constants, en el marge de deformacions limitades en cada cas, quan les molles són sol·licitades amb càrregues estàtiques o a freqüències baixes (fins a uns 10 Hz).

Tanmateix, quan la molla de goma és sol·licitada amb càrregues oscil·latò-
ries de freqüències més altes, aleshores es produeix un enduriment
caracteritzat per una rigidesa més elevada, que pren el nom de rigidesa
dinàmica, $K_{din}$, per contraposició a la rigidesa estàtica, $K_{est}$; aquestes dues
rigideses es relacionen per mitjà d'un factor d'enduriment, $k'$, que es pot
obtenir del gràfic de la Figura 4.10, en funció de la duresa Shore A.

$$K_{din} \approx K' \cdot K_{est}$$
$$K_{\theta din} \approx K' \cdot K_{\theta est}$$

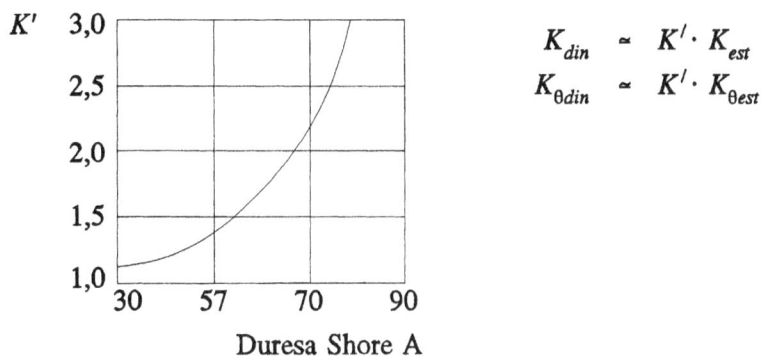

Figura 4.10

b) *Tensions admissibles*

Les tensions admissible a les molles de goma obtingudes a partir de dades
experimentals es presenten a la taula següent:

| Tipus de sol·licitació | Càrregues estàtiques (MPa) | Càrregues dinàmiques (MPa) |
|---|---|---|
| Tracció | 0,2 ÷ 1,0 | 0,1 ÷ 0,4 |
| Compressió | 0,7 ÷ 3,5 | 0,3 ÷ 1,0 |
| Cisallament paral·lel | 0,3 ÷ 1,5 | 0,1 ÷ 0,4 |
| Cisallament de torsió per gir | 0,4 ÷ 2,0 | 0,2 ÷ 0,7 |
| Cisallament de torsió | 0,3 ÷ 1,5 | 0,1 ÷ 0,4 |

El camp de variació d'aquests valors es correspon amb els valors des de 30
fins a 90 de duresa Shore A.

# Bibliografia

BERNALDO DE QUIRÓS, A. *Cálculo rápido de muelles y resortes.* Editorial Labor S.A, Barcelona, 1969.

DECKER, K.H. *Elementos de Unión.* Urmo S.A. de Ediciones, Bilbao, 1980.

DIN 2089-T1. *Zylindrische Schraubendruckfedern aus runden Dräten and Stäben: Berechnung und Konstruktion* (Molles helicoïdals cilindriques de fils i barres rodones. Càlcul i construcció), 1984.

DIN 2089-T2. *Zylindrische Schraubendruckfedern aus runden Dräten and Stäben: Berechnung und Konstruktion von Zugfedern* (Molles helicoïdals cilindriques de fils i barres rodones. Càlcul i construcció de molles de tensió), 1988.

DIN 2092. *Tellenfedern. Berechning* (Molles discoïdals. Càlcul), 1992.

DIN 2093. *Tellenfedern. Maße. Qualitätsanforderungen* (Molles discoïdals. Prescripcions de qualitats), 1992.

DIN 17221. *Warmgewalzte Stälhe für vergütbare Federn; Gütevorschriften* (Acers laminats en calent per a molles per bonificar; Especificacions de qualitat), 1972.

DIN 17222. *Kaltgewalzte Stahlbäder fur Federn; Technische Lieferbedingungen* (Bandes d'acer laminat en fred per a molles. Condicions tècniques de suministre), 1979.

DIN 17223-T1 *Runder Federstahldraht; Patentiert-Gesogener Federdraht aus unleigierten Stählen; Technische Lieferbendingungen* (Fil d'acer rodó per a molles. Fil per a molles patentat-estirat d'acers al carboni; Condicions tècniques de suministre), 1984.

DIN 17223-T2  *Runder Federstahldraht, Gütevorschriften; Vergüteter Federdraht und vergüteter Ventilfederdraht aus unlegierten Stählen* (Fil d'acer rodó per a molles; fil per a molles bonificat i fil per a molles de vàlvules bonificat d'acers sense aliar), 1964.

DIN 17224  *Federdraht und Federband aus nichtrostenden Stählen; Technische Lieferbendingungen*  (Fil d'acer inoxidable per a molles i bandes d'acer inoxidable per a molles. Condicions tècniques de suministre), 1982.

DUBBEL. *Taschenbuch für den Machinenbau.* Springer-Verlag, Berlín, 1990.

JUVINAL, R.C. *Fundamentos de Diseño para Ingeniería Mecánica.* Editorial Limusa, Mèxic, 1991.

NIEMANN, G. *Elementos de Máquinas* (Vol I). Editorial Labor, Barcelona, 1987.

PARMLEY, R.O. *Mechanical Components Handbook.* McGraw-Hill Book Company, Nova York, 1985.

ROTHBART, H.A. *Mechanical Design and Systems Handbook.* McGraw-Hill Book Company, Nova York, 1985.

SACQUEPEY, D.; SPENLÉ, D. *Précis de construction mécanique - 3. Calculs, technologie et normalisation.* AFNOR-NATHAN, París, 1984.

SHIGLEY, J.E., MISCHKE, Ch.R. *Standard Handbook of Machine Design.* McGraw-Hill Book Company, Nova York, 1986.